生物化学技术理论与应用

丁梁斌　曲桂娟　余小平　著

中国原子能出版社

图书在版编目(CIP)数据

生物化学技术理论与应用/ 丁梁斌,曲桂娟,余小平著.--北京:中国原子能出版社,2024.9.--ISBN 978-7-5221-3661-5

Ⅰ.Q5

中国国家版本馆 CIP 数据核字第 2024RC4601 号

生物化学技术理论与应用

出版发行	中国原子能出版社(北京市海淀区阜成路 43 号　100048)	
责任编辑	王　蕾	
责任印刷	赵　明	
印　　刷	中国原子能出版传媒有限公司	
经　　销	全国新华书店	
开　　本	787mm×1092mm　1/16	
印　　张	13.5	
字　　数	184 千字	
版　　次	2024 年 9 月第 1 版	2024 年 9 月第 1 次印刷
书　　号	ISBN 978-7-5221-3661-5	定　价　78.00 元

前　言

　　生命体是十分复杂和精细的,组成生命的每一个细胞都复杂和精细得多。生命科学突飞猛进的发展,激发着人们试图从物理学和化学两个紧密相关学科的不同角度,来理解生命现象,认识生命活动。生物化学即"生命的化学",是研究生物机体的化学组成和生命过程中的化学变化及其规律的学科。生物化学历经了百余年的发展,其基础作用越来越明显。1943年青霉素工业化研发成功,1947年前后出现生物化学工程,显示了生物学、化学和工程学结合形成的技术科学对社会经济效益所产生的巨大作用。生物化学是用化学的原理和方法研究生命有机体的组成及其活动规律的科学,是现代生命科学中最活跃的核心学科之一。生物化学发展很快,新的理论和研究成果日新月异,近几十年来,诺贝尔化学奖和生理学或医学奖大多授予了生物化学领域的科学家。在生物化学基础上,发展了一些新的研究领域,如分子生物学、现代基因组学、结构生物学、化学生物学、生物信息学等。生物化学应用广泛,可为现代工业、农业、化工、医药、食品、轻工、环境等领域提供理论依据和实验技术。

　　本书从生物化学技术概论入手,针对蛋白质以及酶的化学进行了分析研究;另外对糖的代谢、脂类代谢及氨基酸代谢做了一定的介绍;还对食品发酵过程中的生物化学、食品在加工贮藏中的生物化学与现代食品生物化学分析技术做了简要分析;旨在摸索出一条适合生物化学技术工作创新的科学道路,帮助其工作者在应用中少走弯路,运用科学方法,提高效率。

在本书的创作过程中,参阅了国内外同类书籍,努力做到内容反映本学科的基本内容,使读者更好地掌握生物化学与分子生物学知识。本书编者虽投入了极大的热情、花费了大量的时间认真编写,但难免有不妥之处,望各位读者指正。

目 录

第一章　生物化学技术的基本理论

第一节　生物化学的研究范围与内容

一、生物体的化学组成、结构和功能

生物体的化学构成是极其复杂的，范围从无机到有机，从小分子到生物大分子，种类多样、结构错综复杂、功能各不相同。生物体所需的基础物质主要分为糖、脂肪、蛋白质和核酸这四大类。除此之外，还存在大量的有机酸、酶、维生素、激素、生物碱和无机离子等，这些物质构成了生物体进行各种生命活动的物质基础。

二、新陈代谢和调控

新陈代谢被视为生命过程中的核心特点，它在生物体中是物质和能量转换的关键路径。生命的各种活动都离不开物质和能量的支持，其中糖是生物体内最主要的能量来源，而脂肪和蛋白质同样是关键的能量提供者。生物体通过分解和合成的代谢过程，不断地更新其内部成分，并为生命过程供应所需的能量。生命永远不会停止，代谢也永远不会停止，酶作为一种特殊的生物催化剂，在新陈代谢的过程中发挥着决定性的作用。各种物质的分解和合成路径，在某种程度上是相对独立的，但它们之间又是相互协调和有序的。生物化学始终专注于探究生命系统内各类物质的代谢路径以及相应的调节机制。

三、遗传信息的传递和表达

生命的连续性体现在遗传信息的复制、传播和呈现上。核酸作为遗传信息的主要承载者,通过深入研究其结构和功能,我们可以更好地理解基因的本质、遗传信息的核心传递机制以及基因的表达路径。遗传信息的传播和表达主要是通过 DNA 复制、RNA 转录和蛋白质合成来实现的。关于基因表达的调节知识,大部分来源于对原核生物的深入研究,而真核生物的基因调控还需要进一步的探索。

第二节　现代生物化学技术及其应用

一、现代生物化学技术

在分子生物学的研究领域中,现代生物化学技术逐步崭露头角。这是一种综合技术,它利用生物的独特性质和功能来设计和构建具有预期性能的新型物质或品系,并与工程原理相结合,以生产出具有预期性能的产品。现代的生物化学技术主要以基因工程为中心,涵盖了如基因工程、发酵工程、酶工程以及蛋白质工程等多个领域。

基因工程技术涉及对生物遗传基因的改造和重组,目的是让这些重组基因在细胞内得以表达,从而创造出满足人类需求的新型物质。蛋白质工程涉及对编码蛋白质的基因进行目标明确的设计和改良,利用基因工程方法来制造能够表达蛋白质的转基因生物系统,从而获取满足人类需求的蛋白质。基因工程技术与生物信息有着紧密的联系,它是基于生物遗传信息的理论构建的。对核酸及其分子生物学的深入探讨为基因工程和蛋白质工程技术的进步提供了推动力。

发酵工程的核心是从基本的原材料开始,规划最优路径,并制造出所需的功能性产品。酶工程的核心是从工业中分离和纯化酶,然后对其进行分子生物学的改进和修饰,通过发酵技术,我们可以得到大量的理想生产酶制品,进而实现酶催化的工业生产。随着代谢理论的进步和代谢路径的不断揭示,发酵技术也得到了推动。许多生物产品的开发和研究都是以代谢路径和代谢调节为导向的。如果没有代谢理论的进一步发展,发酵行业的技术创新和新产品的诞生也将无从谈起。

二、生物化学在农业生产中的应用

生物化学在诸如遗传育种、种质鉴别和农作物种植等领域有着广泛的应用。遗传育种的核心思想是运用植物基因的克隆与转化方法,打破植物之间的遗传联系,从而进行品种的优化,确保作物的优良特性得到维持和传承。在过去,种子品种的鉴定主要依赖于田间实验,通过观察植株的形态来进行判断,这种方法既耗时又耗力,使用起来相当不便;目前,通过生物化学方法,我们提取了各种种子的 DNA,并进行了限制性的内切酶处理和电泳分析,依据不同种类的电泳谱带差异来判断种子的真伪。在农作物的种植过程中,产量始终是人们最为关注的问题。只要我们深入研究并掌握作物的代谢模式,并进行合理的种植和科学的管理,就有可能实现高品质和高产出的收获。

在农业作物对抗寒冷和疾病的能力上,它也得到了广泛的应用。农作物的抗寒特性是其关键的遗传特点,通过对生物膜的深入研究,我们发现膜脂中的不饱和脂肪酸含量越高,其流动性就越强,从而使得作物的抗寒能力更为出色;抗寒能力也与细胞膜上存在的 ATP 酶和过氧化物歧化酶等因素有关联。目前,我们无需在田间进行试验以确定作物的抗寒能力,仅需对细胞膜结构和相关酶活性进行检测即可。

此外,无论是农作物的耐旱和耐盐研究,还是农、牧、水产品的储存和保鲜,生物化学技术都是不可或缺的。

三、生物化学在工业领域中的应用

无论是食品、发酵、制药、皮革还是生物制品等行业,都迫切需要运用生物化学的核心理念和方法。

发酵技术在食品制造、药品生产和酶产业中都有广泛应用。发酵技术的核心是利用微生物及其代谢的最终产物,这主要涉及到发酵菌的种类和代谢过程的调节。发酵菌的酶系对发酵产品有影响,因此可以通过基因工程方法对发酵菌进行改良。如今,成功地对基因工程菌进行改造的实例颇为丰富,例如对啤酒酵母的改造。提升麦芽汁的分解效率、优化啤酒的酸味,并增加啤酒的澄清度;通过对乳酸菌的改良,我们可以增强菌种的抗氧化能力、优化酸乳的口感,并抑制酸乳后期的酸化过程。目前,我们已经通过发酵技术成功地实现了维生素 C、氨基酸、味精、色素以及酶制剂的工业化生产。在其他的工业领域,酶也起到了不可或缺的重要角色。例如,淀粉酶和葡萄糖异构酶被应用于糖浆的生产过程中,果胶酶被用于果汁的加工过程,纤维素酶被用于饲料添加剂以提高其利用效率,而蛋白酶则被用于肉类的嫩化处理、皮革的脱毛以及添加酶洗涤剂等方面。

在食品制造领域,生物化学技术可以被应用于分析食品的营养成分以及检测对人体有害或有毒的物质。目前,核酸分子杂交技术、PCR 技术和现代免疫技术正在逐步应用于病原微生物和转基因成分的分析检测,这些方法简单、方便、快速、准确和可靠。

四、生物化学在医药行业中的应用

生物化学与医药领域有着悠久的历史,可以认为生物化学与医学和药物学是紧密相连的,它们共同前进,彼此之间存在深厚的联系和相互影响。生物化学技术在医学界有着较早的应用历史,现阶段主要聚焦于临床生化检测、精确医学以及生化药物的开发研究。

生化检测和分析被认为是临床诊断、治疗和预后的重要工具。目前,生化检测的范围已经广泛扩展,而检测技术不仅局限于滴定、比色、电泳和免疫等传统生化方法,PCR 技术和核酸探针技术等现代生物化学方法也得到了广泛应用。

伴随着现代生物化学、分子生物学、各类组学、生物信息学以及分子病理学的进步,个性化医学受到了越来越多的关注和重视。精准医学建立在个体化医疗的基础之上,它运用了基因组学、功能基因组学、生物信息学数据库、海量数据处理的计算机技术和小型移动健康监测设备等前沿医学技术。这种方法从分子生物学的角度出发,深入思考和理解疾病,并根据患者的遗传信息寻找最佳的治疗目标,从而达到对疾病进行精确的诊断、分期和分型,最终实现对疾病的精确治疗。

生化药物也被称为生物化学和生物技术相关的药物。狭义上讲,生化药物是指用于预防、治疗和诊断的基础生化物质,主要包括氨基酸、多肽、蛋白质、酶和辅酶、多糖、脂质、核酸以及它们的降解产物。自21世纪初,伴随着现代生物化学技术的不断进步,生化药物的研究也呈现出日新月异的发展态势。当前,现代生物技术药物主要分为五大类别:单克隆抗体、反义药物、基因治疗药物、可溶性蛋白质类药物和疫苗。其中,单克隆抗体尤为引人关注,超过100个单克隆抗体正处于临床试验的阶段。

除此之外,在环境保护的"三废"处理、航空、航天和航海领域、海洋渔业资源的开发和利用,以及国防生物安全和生化防护等多个方面,生物化学和生物化学工程技术都是不可或缺的。

第二章 蛋白质

第一节 蛋白质的概述

一、蛋白质的分类

蛋白质不仅是生命特性的体现,还是生物学功能的实施者。它是由氨基酸构成的具有空间结构的生物大分子。在这一节中,我们将主要探讨蛋白质的各种分类、其在生物学上的功能以及蛋白质的化学构成等相关主题。

由于蛋白质的种类之多、结构之复杂和功能之多样,分类的方法也是五花八门,其中常见的方法包括基于蛋白质的分子形态、功能、成分、溶解性和其营养价值来进行分类。

(一)根据分子形状分类

根据蛋白质的分子形态的对称性,它们可以被分类为球形蛋白质和纤维状蛋白质。球状蛋白质的形态与球形或椭球形相似,具有较好的溶解性,并能生成结晶,其中大部分蛋白质都属于这一种类。纤维状蛋白质的分子结构与纤维或细棒相似,它们可以进一步被分类为可溶性和不溶性的纤维状蛋白质。像毛发、指甲和羽毛这样的纤维蛋白中含有 α－角蛋白,而蚕丝和蜘蛛丝中则含有 β－角蛋白,皮肤和软骨中则含有胶原蛋白。鞭毛蛋白是由球状蛋白聚合而成,尽管在形态上表现为纤维状结构,但并不属于纤维蛋白类别。

(二)根据功能分类

蛋白质可以根据其执行的功能被分类为催化蛋白、结构蛋白、转运蛋白、调节蛋白、信号传递蛋白和动力蛋白等。

(三)根据分子组成分类

蛋白质根据分子组成可分为简单蛋白质和结合蛋白质。

1. 简单蛋白质

完全由氨基酸组成的肽链组成,不含有任何其他成分的蛋白质,称为简单蛋白质。据溶解度的差别,又可将其分为 7 类。

(1)球蛋白

这种物质在水中微溶,而在稀盐溶液中溶解性好,半饱和硫酸铵可以使其沉淀,并且其分布是广泛的。比如,在血清里可以找到多种免疫相关的蛋白质,如肌球蛋白和卵清蛋白等。

(2)清蛋白

这种物质可以溶解在水中,并在饱和硫酸铵的作用下沉淀下来,其分布非常广泛。如血浆中的白蛋白和乳清蛋白之类的物质。

(3)组蛋白

碱性蛋白,含较多 Arg、His,溶于水和稀酸,溶于氨水,分布于细胞核,为染色体的组成成分。例如胸腺组蛋白等。

(4)硬蛋白

它不能与水、盐、稀酸或稀碱混合。这种生物主要分布在动物的结缔组织中,包括毛发、蹄子、角、甲壳等性蛋白和丝心蛋白等。如角蛋白、胶原蛋白、弹性蛋白和丝心蛋白等都是例子。

(5)精蛋白

碱性蛋白含有丰富的 Arg 和 His,可以溶于水和稀酸,但不能溶于氨水。以鱼精蛋白为例。

(6)谷蛋白

这种物质对水、醇和中性盐溶液都不溶,但在稀酸和稀碱中容易溶解,广泛分布在各类谷物里。比如说,有米谷蛋白和麦谷蛋白这两种。

(7)醇溶谷蛋白

不溶于水及无水乙醇,溶于 70%～80% 乙醇。例如玉米蛋白。

2.结合蛋白质

除了氨基酸之外,还存在其他非蛋白质组成的蛋白质,这些蛋白质被称为结合蛋白质或缀合蛋白质。根据其辅助成分的差异,可以将其分类为五大类:核蛋白、糖蛋白(也称为蛋白聚糖)、脂蛋白、色蛋白质以及磷蛋白。

核蛋白是由蛋白质和核酸共同构成的,在细胞质和核中都可以找到。在细胞质中,核糖体是由 RNA 和蛋白质组合而成的核蛋白,而细胞核内的 DNA 和蛋白质则是核蛋白的组成部分。

糖蛋白,也称为蛋白聚糖,是由蛋白质和糖通过共价键连接形成的。

脂蛋白是由蛋白质和脂质通过非共价键结合形成的,它可以分为细胞质蛋白和血浆脂蛋白。

色蛋白是蛋白质与色素物质结合形成的,主要是血红素蛋白,例如富含铁的血红蛋白、细胞色素,含有镁离子(Mg^{2+})的叶绿蛋白,以及富含铜离子的血蓝蛋白。金属蛋白是一种与金属有直接结合作用的蛋白质,例如铁蛋白和含有 Zn^{2+} 的乙醇脱氢酶。

磷蛋白是一种含有磷酸基团的蛋白质分子,通常与丝氨酸或苏氨酸形成磷酸酯键。在众多的代谢过程中,关键的酶通过磷酸化与去磷酸化这两种方式的互相转换,来调控代谢的进程和速率。

二、蛋白质的生物学功能

蛋白质和核酸共同被视为生物中最关键的大分子。与核酸在存储和传递遗传信息方面的功能不同,蛋白质实际上是遗传信息和生命特性的具体表现形式。不同种类的蛋白质各有其独特的功能,这些功能可以从三个主要方面来突出其重要性。

(一)蛋白质是生物体重要的组成成分

作为生物实体中不可或缺的一部分,它可以用六个词来描述:广泛分布和高含量。

广泛分布:生物体中的每一个器官和组织都富含蛋白质,而细胞的每一个部分也同样富含蛋白质。例如,胶原蛋白、弹性蛋白、角蛋白等都是细胞和细胞间质的关键结构和支撑元素,它们也广泛分布在高等动物的毛发、肌腱、韧带、软骨和皮肤等部位。

蛋白质在生物体内的含量是最为丰富的,例如,它占据了人体干重的45%,而在人体的某些特定组织中,如脾、肺和横纹肌,蛋白质的含量甚至可以达到干重的80%。

(二)蛋白质具有重要的生物学功能

1. 催化作用

新陈代谢代表着生物体中各个部分的自我更新机制,它是生命过程的核心。在新陈代谢过程中,几乎所有的化学反应都是在酶的催化作用下进行的,其中大部分酶主要是蛋白质。它的催化效能是其他化学催化剂所无法匹敌的,可能酶类是最早出现的蛋白质种类之一。

2. 转运功能

新陈代谢代表着生物体中各个部分的自我更新机制,它是生命过程的核心。在新陈代谢过程中,几乎所有的化学反应都是在酶的催化作用下进行的,其中大部分酶主要是蛋白质。它的催化效能是其他化学催化剂所无法匹敌的,可能酶类是最早出现的蛋白质种类之一。

3. 贮存功能

某些蛋白质具有储存必需营养成分的生物学功能,这种蛋白质被称作贮存蛋白。举个例子,卵清蛋白为鸟类胚胎的成长提供了必要的氮元素,而铁蛋白则有能力储存铁原子,这些铁原子被用于合成如血红蛋白这样的铁蛋白。

4. 防御与进攻功能

某些蛋白质能够在细胞的防护和保护机制中发挥主动作用。例如,B淋巴细胞转化为浆细胞后生成的抗体具备免疫功能,能够识别并与外来的抗原物质结合,从而消除这些外来物质对生物体的潜在干扰。除此之外,还存在如凝血酶原、血纤蛋白原以及极地鱼体中的抗冻蛋白等的血液凝固蛋白。

5.运动作用

蛋白质构成了动物肌肉的核心部分,而肌肉的收缩过程主要是由肌动蛋白和肌球蛋白来完成的。除此之外,还存在微管蛋白,它能够形成纺锤体和细菌的鞭状和纤状毛发。

6.信息传递与调节功能

细胞膜上的受体蛋白负责信息的传递,其中一种是跨膜蛋白,另一种是胞内蛋白。它们与信号分子(其中一些也是蛋白质)结合,通过改变构象或激活细胞内的酶,从而改变细胞内的代谢过程。

(三)蛋白质可以为机体提供能量

在一般情况下,尽管蛋白质并不是身体的主要能源来源,但它依然是其中一个重要的能量来源。当生物体依赖氧化糖和脂肪来提供所需能量时,它会通过增加蛋白质的分解来补充所需能量。食肉动物所需的能量中,有90%是由氨基酸提供的。

总结来说,蛋白质构成了生命活动中关键的形态结构的物质基础,缺乏蛋白质,生命便无从谈起。

第二节　蛋白质的结构

一、蛋白质的一级结构

(一)蛋白质一级结构的概念

蛋白质的基本结构能够影响其功能表现,这主要是因为:首先,功能不同的蛋白质往往拥有不一样的氨基酸排列;其次,在成千上万的人类遗传性疾病中,我们都观察到了蛋白质的缺陷。这些缺陷通常是由于氨基酸序列中的某个或几个残基发生了变化(例如镰刀型红细胞贫血症),或者是某些肽段的缺失(例如杜兴氏肌营养不良症)所引起的;其次,在不同的生物种类中,功能一致或类似的蛋白质往往拥有类似的氨基酸排列,这类蛋白质通常被称作同源蛋白质,如泛素和细胞色素 C 等。

在某些特定的蛋白质中,氨基酸的排列顺序具有一定的变异性,据估计,在人类社群中,大约有 20%～30% 的蛋白质呈现多态性。例如,在一级结构的多个区段中,同源蛋白质的氨基酸序列可能会有显著的变化,但这并不会对其生物学功能造成影响。然而,这些同源蛋白质在关键区域的氨基酸序列是相对保守和基本不变的,因为这些区域是执行蛋白质功能所必需的。

(二)胰岛素的一级结构

在蛋白质的一级结构研究中,胰岛素、肌红蛋白和细胞色素 C 的一级结构得到了深入的探讨。特别是胰岛素一级结构的测序和 DNA 的双螺旋结构,被视为 1953 年生物化学历史上的两大重要事件。胰岛素是胰岛 B 细胞所产生的一种激素,在核糖体的初步合成阶段,它首先生成前胰岛素原,并且其相对分子质量是胰岛素的两倍以上。前胰岛素原在其 B 链的 N 端多了一段肽链,这段肽链被称为信号肽。在信号肽的作用下,新生的肽链被引导进入内质网,并迅速被切除。剩下的部分转化为含有三个二硫键的胰岛素原。随后,在高尔基体酶的催化作用下,移除了连接 AB 两链的 C 肽,从而形成了成熟的胰岛素。

(三)蛋白质一级结构测序的策略

尽管很多蛋白质的序列可以直接从编码这些基因的 DNA 序列中推导出来,但现代蛋白质化学依然采用传统的多肽测序技术。为了测定一级结构中的蛋白质,我们需要确保样品的均匀性和纯度达到 97% 或更高,以下是具体的操作步骤。

1. 确定蛋白质分子中多肽链数目

通过对蛋白质末端残基的分析,我们可以确定,如果测得的多肽链混合物具有相同的 N 末端和 C 末端,那么它可能是单体蛋白质或同多聚蛋白质。然后,我们可以根据蛋白质摩尔数与末端残基摩尔数的关系来判断它是单体蛋白质还是同多聚蛋白质。如果测定的多肽链混合物具有不同的 N 末端或不同的 C 末端,那么它就是杂多聚蛋白质。

2.拆分蛋白质分子的多肽链

通过分离多聚蛋白质的多肽亚基,对于那些非共价键连接的多肽亚基,可以使用变性剂,如尿素、盐酸胍或高浓度的盐进行处理;对于连接有二硫键的情况,可以选择使用氧化剂或还原剂来切断二硫键。对同多聚蛋白质来说,一旦断开,就可以对单体蛋白进行测序;在处理杂多聚蛋白时,首先需要将多肽链进行分离和纯化,然后再对各个不同的多肽链进行测序分析。

3.分析每一多肽链氨基酸的组成

在对多肽链样本进行部分水解以测定其氨基酸构成时,通常会结合酸水解和碱水解的技术手段。在酸性水解过程中,色氨酸被完全破坏,而丝氨酸和苏氨酸则部分受损。色氨酸的含量可以通过碱性水解来确定,而丝氨酸和苏氨酸的破坏程度与水解的时间成正比,可以通过线性倒推方法来确定最初样品中这两种氨基酸的含量。酸水解过程还会把天冬酰胺和谷氨酰胺分解成对应的天冬氨酸和谷氨酸,这一过程需要结合 $NH+4$ 的生成情况和多肽链的带电状态来进行详细分析。

二、蛋白质的空间结构

(一)蛋白质的二级结构

多肽链的主要链条是由众多的酰胺平面(肽平面)构成的,这些平面之间由 α 碳原子隔开。因此,我们可以将多肽链的二级结构视为肽平面间的相对位置,两个相邻的肽平面之间的角度被称为二面角,这是由于肽平面间的相互旋转而形成的。肽平面的存在在很大程度上限制了主链可以折叠形成的构象数量。如果没有这个平面,多肽链的主链自由度过高,那么蛋白质就无法形成特定的构象。

(二)超二级结构和结构域

超二级结构和结构域位于蛋白质的二级和三级结构之间,是一种过渡状态的构象。

结构域通常指的是蛋白质分子中可以单独存在的功能性结构,有时也被称作功能域。结构域的存在对于蛋白质形成空间结构更为有利,酶的活跃中心通常位于多个结构域之间,通过这些结构域,我们可以构建一个稳定的三级结构,其中卵溶菌酶的三级结构包括两个结构域。结构域与结构域之间的相对移动有助于酶活性中心与底物的紧密结合,同时也有助于酶活性的有效调控。对于那些体积较小的蛋白质分子,它们的结构域和三级结构通常代表一个概念,这意味着这些蛋白质具有单一的结构域。通常,一个较大的蛋白质分子可能是由两个或更多的结构域所构成的。

(三)蛋白质的三级结构

蛋白质的三级结构是基于二级结构,将相邻的二级结构片段组合成超二级结构,然后进一步折叠盘绕成结构域,由两个或更多的结构域组合成三级结构。

蛋白质的种类非常丰富,各种蛋白质的三级结构都有所不同,例如纤维状蛋白质和球状蛋白质的结构特性和区别。纤维状蛋白质是由单一的二级结构元件组成的,它可以形成长纤维状或片层,不溶于水或稀盐,主要是结构蛋白,例如构成毛发的角蛋白和皮下组织的胶原蛋白。球状蛋白质通常包含多个二级结构元素,并具有明确的折叠层次。其分子结构呈球状,某些区域具有较高的空间可塑性,包括疏水性残基和亲水性残基,其空间结构表现出稳定性。

(四)蛋白质的四级结构

确保四级结构的稳定性所需的力量包括疏水键、离子键、氢键以及范德华力。当亚基单独存在时,它要么缺乏活力,要么活力极低。基于完整的多肽链,蛋白质形成了四级结构,这比一次性合成一个与四级结构相似的复杂、庞大的多肽链更为重要,因为这样的四级结构有助于减少表面积与体积的比例,从而提高其稳定性;与直接合成多肽链的大蛋白质相比,利用单体蛋白质来合成四级结构更能节省能源并更有效地编码基因;通过对单体蛋白进行聚合,催化基团得以聚集,这不仅有助于酶活性蛋白功能的结构性调整。

(五)稳定蛋白质空间结构的作用力

为了稳定蛋白质的空间结构,除了依赖于共价键(如肽键和二硫键)之外,主要的作用力还包括次级的非共价键,如氢键和盐键,以及疏水键(即疏水作用)和范德华力等。

在维护一级结构时,主要的作用力是肽键和部分的二硫键;而在维护二级结构时,主要的作用力是以氢键为核心的弱作用力;对于三级结构,主要的作用力包括疏水、氢键、盐键和范德华力等弱作用力;而在维护四级结构时,主要的作用力则是疏水、氢键等非共价键。

在上述的作用力里,氢键、范德华力、疏水互动力和盐键都属于次级的化学键;尽管氢键和范德华力的键能较小,但它们的数量却相当庞大;保持三级结构的稳定性,疏水之间的相互作用力显得尤为关键;盐键的数目相对较少。此外,蛋白质的空间构象稳定性在很大程度上受到二硫键的影响,二硫键的数量越多,蛋白质的分子构象就越趋于稳定。在蛋白质的各种结构中,肽键起到了关键的作用,但也存在一些弱的作用力,只是这些作用力在重要性上有所不同。

(六)胶原蛋白的构象

胶原蛋白在空间结构上具有其独特性:胶原蛋白是一种在动物体内非常丰富的蛋白质,占据了机体总蛋白质含量的三分之一,并且是皮肤、肌腱、韧带、软骨,以及巩膜和角膜的主要构成元素。它是由众多的原胶原蛋白分子构成的,而每一个原胶原分子都是由三条多肽链形成的三个螺旋结构。每股的多肽链呈左手螺旋状,而其他三股则相互绞合形成右手螺旋。

三、蛋白质结构与功能的关系

蛋白质的复杂结构和组成构成了其众多生物学功能的根基,同时,蛋白质的独有特性和功能也是其结构的体现。蛋白质的一级结构不仅包含了其分子的全部信息,还决定了它的高级结构,这些高级结构与其功能有着紧密的联系。这一部分将详细描述蛋白质的一级结构与其功能之间的联系,以及高级结构与其功能之间的联系。

(一)蛋白质一级结构和功能的关系

1.蛋白质一级结构决定高级结构

通过牛胰核糖核酸酶的变性和复性的实例,我们可以验证这个观点。核糖核酸酶是由124个氨基酸残基组成的,其分子形态接近于球状,并且内部含有氢键和二硫键,这些都是稳定蛋白质结构的关键元素。在变性剂(如尿素和β巯基乙醇)的影响下,核糖核酸酶的分子结构中的二硫键被还原,导致酶的三维结构受到破坏,从而使酶的催化功能失效;当采用透析技术移除变性剂后,变性的多肽链会再次自动折叠,形成活跃的空间结构。经过实验研究,我们发现核糖核酸酶的变性是可以逆转的。正因为氨基酸序列中包含了形成三维结构的所有信息,变性后的蛋白质在特定条件下能够自动折叠为自然形态,也就是说,一级结构决定了更高级的结构。此外,这也表明核糖核酸酶的活跃性与其独特的高级空间构造有关。

2.同源蛋白质与细胞色素c

同源蛋白质指的是那些在不同的生物体中具有相似或一致功能的蛋白质组合。蛋白质中氨基酸序列的相似性被定义为同源性,其中在不同物种中构成和序列相对稳定的残基被称为不变残基,这通常是决定蛋白质功能的关键因素;那些组成或序列发生变化的残基被称为可变残基,这些残基并不直接决定蛋白质的功能,而是为进化提供了关键的亲缘信息。

细胞色素c是一种经过深入研究的同源蛋白质,它位于线粒体的内膜上,与呼吸过程紧密相关,主要负责电子传输,其结构中包含有血红素的辅助基团。通过研究不同生物细胞中色素c的氨基酸排列,我们可以揭示物种间的亲缘联系,并构建一个进化树来描述不同物种在进化过程中的起源和出现次序。

对近100种生物中不同种类的细胞色素c的一级结构氨基酸组成进行的研究发现,亲缘关系越近,氨基酸的结构基本上是相似的。例如,人类和黑猩猩的细胞色素c分子中的104个氨基酸残基在种类、排列顺序和三级结构上都是相似的。但在人与鸡、昆虫和酵母中,分别有13处、27

处和 44 处的差异。

3.氨基酸一级结构的变化与功能的变化

由基因的突变引发的蛋白质分子结构的变化或某种蛋白质的缺陷导致的疾病被称为分子病。举例来说,由于胰岛素分子中的 B 链第 24 位 Leu 替代了原先的 Phe,胰岛素的活性显著减弱,无法有效地分解血糖。镰刀形红细胞贫血症是由于血红蛋白 β—链的第 6 位 Val 替代了原有的 Glu,导致病变血红蛋白分子中增加了两个非极性氨基酸,减少了两个极性氨基酸,并且多出的两个 Val 位于分子表面,从而导致病变血红蛋白的溶解度降低,失去了结合氧的能力。此外,蛋白质的一级结构变化与凝血机制有着紧密的联系,比如,凝血酶原转化为凝血酶的过程实际上是两个肽链断裂的直接后果。

(二)血红蛋白的变构效应

当某些蛋白质展示其功能时,它们的构象会发生变化,进而影响整个分子的属性,这种导致生物活性改变的现象被称为变构效应,有些人也把它叫做别构效应(现象)。当蛋白质展现其生物功能时,变构效应被视为一种广泛且关键的表现。例如,当血红蛋白展示其氧气传输功能时,它会展现出明显的变构表现。

肌红蛋白只包含一个亚基,它并不具有变构效应。在氧分压较低的区域,它与氧的结合能力甚至超过血红蛋白。因此,在氧分压较低的肌肉和肝脏等组织中,我们可以从氧合血红蛋白中提取它,但它不容易释放氧气。从这个角度看,血红蛋白更适合从氧分压较高的组织中获取氧气并进行氧气运输,而肌红蛋白则更适合从氧分压较低的组织中提取并储存氧气,两者共同完成氧气的传输和利用。

第三节　蛋白质的性质

一、蛋白质的相对分子质量

蛋白质的相对分子质量相当高,通常在 10 000 至 1 000 000 之间,甚至可能更大。由于蛋白质具有较大的相对分子质量,常规用于测量小分子物质相对分子质量的方法,例如降低冰点或提高沸点,就不再适用。为了测定蛋白质的相对分子质量,常用的技术手段包括渗透压法、超离心法、凝胶过滤法以及聚丙烯酰胺凝胶电泳等方法。在所有方法中,渗透压法是最为简便的,它对仪器设备的要求相对较低,但其灵敏度并不理想;凝胶过滤法和聚丙烯酰胺凝胶电泳测定的蛋白质的相对分子质量仅仅是一个近似的数值;因此,超离心法被认为是最精确且可信赖的手段。

二、大分子胶体性质

蛋白质溶液实际上并不是一个真正意义上的溶液,而是一个具有均匀分散特性的系统,在这个系统里,蛋白质分子充当分散相,而水分子则作为分散介质存在。根据其分散性,蛋白质分子的尺寸介于 $1\sim100nm$ 之间,这使其成为胶体系统的一部分。然而,由于其分散相实际上是分子自身,因此在某种程度上,它也可以被视为真正的溶液。由于蛋白质溶液具有胶体溶液的特性,例如丁道尔现象、布朗运动以及不能穿透半透膜等胶体性质。由于蛋白质无法穿透半透膜,因此可以进行蛋白质的纯化。

考虑到蛋白质不能穿越半透膜的特性,我们将含有小分子杂质的蛋白质溶液放入透析袋,然后再放入流水中,这样小分子杂质就会被透析出,而大分子蛋白质则会留在袋中,从而实现蛋白质的纯化。这个技术被命名为透析。

三、两性电离和等电点

在氨基酸中,氨基、羧基和 R 基团的存在赋予了它两性电离的特性。在蛋白质结构中,大部分的氨基和羧基是通过肽键缩合而成的链状结构。尽管如此,蛋白质的表面依然存在许多可以分离的基团,主要是 R 基团,以及在每一条多肽链的首尾都至少有氨基和羧基存在,这也意味着蛋白质实际上是一种两性电解质。

值得一提的是,在进行蛋白质等电点的测定时,必须在具有适当离子强度的缓冲溶液中进行。当存在离子时,蛋白质中的某些电荷需要被缓冲溶液中的相对电荷中和,从而改变蛋白质在电场中的行为模式。当溶液中的离子浓度发生变化时,蛋白质在电场中的位置和等电点也会随之发生变化,这是因为等电点代表了蛋白质在电场中保持静止时的 pH 值。因此,在描述蛋白质的等电点时,必须明确指出所使用的缓冲溶液类型、离子浓度以及缓冲溶液的 pH 值,否则是不准确的。

各类蛋白质都有其独特的等电点特性,这些蛋白质的等电点大小与其包含的氨基酸种类和数量密切相关。如果碱性 AA 的含量较高,那么其等电点会偏向碱性,例如鱼精蛋白中精氨酸的含量特别高,其等电点范围在 12.0 至 12.4 之间;如果酸性 AA 的含量较高,那么其等电点会偏向酸性。例如,胃蛋白酶中的酸性氨基酸残基有 37 个,而碱性 AA 的残基只有 6 个,其等电点大约是 1。如果两者的数量接近,那么它们的等电点通常是中性的,大约是 5.0。

当蛋白质处于等电点状态时,其稳定性与氨基酸相似,都是最不稳定的,其溶解能力也是最弱的,因此非常容易聚集并沉淀出来。因此,我们可以采用这种方式来沉淀蛋白质,从而实现蛋白质的分离和纯化。当处于等电点状态时,蛋白质在黏度、渗透压、膨胀性以及导电性能方面都表现得最为微弱。

四、蛋白质的沉淀

如果上述蛋白质在溶液中的稳定性被破坏,那么蛋白质胶体溶液将失去其稳定性并从溶液中沉淀,这种现象被称为蛋白质的沉淀。常用的蛋白质沉淀技术包括盐析法、有机溶剂沉淀法、重金属盐沉淀法、生物碱试剂沉淀法以及加热变性沉淀法。

(一)盐析法

在蛋白质溶液中加入大量的中性盐(例如硫酸铵、氯化钠、硫酸钠等)可以破坏蛋白质表面的水化膜,同时也能消除蛋白质表面的电荷,这种使蛋白质沉淀析出的方法被称为盐析法。使用盐析法并不会导致蛋白质发生变性,但当盐被去除后,蛋白质可以重新回到其溶解的状态。

由于不同类型的蛋白质在盐析过程中需要不同浓度的盐,因此,通过调整盐的浓度,可以实现混合蛋白质溶液中多种蛋白质的分段沉淀,这一过程被称为分段盐析。当血清中的硫酸铵达到50％的饱和度时,球蛋白开始沉淀并析出;如果继续添加硫酸铵至饱和状态,血清中的清蛋白(也就是白蛋白)将会析出。

(二)有机溶剂沉淀法

在蛋白质溶液中添加极性有机溶剂(如酒精、丙酮等)会因为有机溶剂与水的强烈相互作用,导致蛋白质表面发生脱水现象;减少介电常数的数值;通过提高异性电荷之间的吸引力,可以促使蛋白质颗粒聚集并最终沉淀下来。有机溶剂通常会导致蛋白质发生变性,但在实际应用中,可以通过低温处理和缩短处理周期来最大限度地减少蛋白质变性的程度。

(三)重金属盐沉淀法

重金属离子有能力使带有负电荷的蛋白质颗粒沉淀下来,这是因为这些带有负电荷的蛋白质颗粒与重金属离子结合,形成了不可溶解的蛋白质重金属盐,从而形成沉淀。虽然重金属盐沉淀的蛋白质通常是变性的,但它的沉淀效率非常高,通常用于去除含有蛋白质杂质的样品,以实现样品的纯化。

(四)生物碱试剂沉淀法

生物碱试剂是一种能够导致生物碱沉淀的化学试剂,其性质通常为酸性,如鞣酸(也称为单宁酸)和苦味酸(246－三硝基酚)等。当溶液的pH值低于蛋白质的等电点时,蛋白质会带有正电荷,这使得它更容易与生物碱试剂中的酸根负离子发生反应,生成不溶性的盐并沉淀下来。在医学检测领域,这种方法经常被用来消除可能干扰测量标准的蛋白质。

(五)加热变性沉淀法

通过加热变性,蛋白质的凝固过程几乎对所有蛋白质都是适用的,而在加热过程中加入盐可以进一步加速蛋白质的凝固过程。在pH溶液中,当蛋白质处于pI状态时,它的加热凝固速度是最快的,也是最完整的。在我国早期的豆腐制作实践中,加热变性沉淀的蛋白质已经得到了有效的应用。

五、蛋白质的变性和复性

(一)蛋白质的变性

天然蛋白质因受到物理或化学因素的影响,其分子内部原本高度有序的空间结构发生了变化,这导致了蛋白质的理化性质和生物学功能都发生了改变,但并没有破坏其一级结构,这种现象被称为蛋白质的变性。经过变性处理的蛋白质被称作变性蛋白质。

研究发现,分子变性是一个逐步进行的过程,其中一部分空间结构的变化可能会显著降低其余部分的稳定性,进而加速整个分子的变性过程。蛋白质经过变性后,由于其内部疏水性基团的暴露和分子结构的变化,其生物学和理化性质都发生了相应的变化。当蛋白质发生变性时,其主要的特征是其生物活性被完全或部分地削弱。在物理属性上出现了一系列变化,包括旋光性的改变、溶解度的降低、沉降率的增加、黏度的提升以及光吸收度的提升等;在化学属性上的变化,例如官能团的反应性上升,更容易受到蛋白水解酶的水解作用。

(二)蛋白质的复性

如果蛋白质的变性反应不是特别强烈,那么这是一个可以逆转的过程。在特定的环境条件下,如果移除变性因子,变性蛋白质能够逐渐自然地重新折叠,恢复其原始的物理化学性质和生物活性,这一过程被称为蛋白质的复性。

在日常生活中,蛋白质的变性和凝固过程有着众多的实际应用场景。豆腐实际上是由大豆蛋白的高浓度溶液经过加热和加盐处理后形成的变性蛋白凝固体;在临床急救中,如果病人不慎摄入了含有重金属盐的食物,会大量摄入乳制品或蛋清,这会导致蛋白质与这些重金属结合,形成不可溶解且不能被消化系统吸收的蛋白质。随后,会使用催吐剂将这些蛋白质排出体外,从而实现解毒的效果;采用紫外线或酒精来进行消毒和灭菌的目的是为了使微生物体内的蛋白质发生变性,从而达到消灭微生物的效果。

六、颜色反应

(一)双缩脲反应

蛋白质中的肽键构造与双缩脲有许多相似之处,它们也可以进行双缩脲的化学反应,从而生成红紫色的络合物。任何含有两个或更多肽键的化学物质,都有可能触发双缩脲的化学反应;关于肽键的化学反应,肽键的数量越多,其颜色也就越深;由于双缩脲反应对蛋白质的特异性影响相对较小,因此它不仅可以用于蛋白质的识别,还可以通过在 540nm 波长上进行比色来定量地测定蛋白质的含量。值得注意的是,尽管变性后的蛋白质的一级结构保持不变,但它依然有可能进行双缩脲反应。

(二)蛋白质黄色反应

含有芳香族氨基酸(例如酪氨酸、色氨酸等)的蛋白质能够与浓硝酸产生黄色的化学反应,这一过程的基本原理是苯环被硝酸硝化,从而产生黄色的硝基苯衍生物。该反应首先会形成白色的沉淀物,但在加热之后,这些沉淀物会变为黄色,而当加入碱后,这些沉淀物的颜色会变得更深,呈现橙黄色。头发和指甲等部位可能会出现这种反应。

(三)米伦反应

硝酸汞、亚硝酸汞、硝酸和亚硝酸的组合被称作米伦试剂。在含有酚基的蛋白质溶液里,当加入米伦试剂时,会形成白色的沉淀物,并在加热后转变为红色。这是一种特定于含有酚基酪氨酸和酪氨酸的蛋白质的反应。

(四)乙醛酸反应

首先在蛋白质溶液中加入乙醛酸并确保其均匀混合,然后缓慢地沿着管壁加入浓硫酸以防止其混合,在液体的交界位置,就会形成紫色的环,这一过程被称为乙醛酸反应。它的本质实际上是色氨酸吲哚环的响应。通过这一反应,我们可以确定蛋白质中是否存在色氨酸成分,例如血清中的球蛋白可能含有色氨酸的残基,因此在临床实验中,我们使用乙醛酸反应来定性地测量球蛋白的含量。由于白明胶内部不包含色氨酸,因此它不会产生这种反应。

(五)坂口反应

在碱性次氯酸钠(或次溴酸钠)溶液中,精氨酸的脲基可以与 α-萘酚发生化学反应,生成红色的物质,这种化学反应被称为坂口反应。含有精氨酸的蛋白质也可能产生这种反应,因此,通过这种反应,我们可以确定蛋白质中是否存在精氨酸,并用于精确测量精氨酸的浓度。

第四节　蛋白质技术

一、蛋白质的分离纯化

鉴于科研、生产和日常生活的需求,对于蛋白质,特别是纯蛋白的需求正在逐渐上升,尤其是在酶工程和医药行业中。因此,以高效、大规模和低成本的方式获取蛋白质产品变得尤其关键。然而,蛋白质的提取、分离和纯化是一项极其困难和繁重的任务,因此迫切需要一套或几套能够高效分离和纯化蛋白质的方法。

(一)蛋白质分离纯化的原则

蛋白质分离纯化的核心原则是从富含目标蛋白的材料中提取高纯度的蛋白质产品,以提升酶的纯度和活性。分离纯化的过程大致可以分为前处理、粗略的分级分离、详细的分级分离以及结晶这四个主要步骤。

1.前处理

所谓的前处理,是指将蛋白质从其原始的组织或细胞中以溶解形式释放,同时确保其保持在其原始的自然状态。在从细胞中提取蛋白质时,必须确保蛋白质的稳定性,并维持其原始的空间构造和生物活性。在处理动物细胞时,通常首先移除其脂肪和结缔组织,接着利用破碎机和超声波技术对细胞进行破碎和提取。在处理植物细胞时,首先需要去壳和去种皮,然后利用纤维素酶和果胶酶去除细胞壁,最后对原生质体进行破碎和提取。在处理细菌细胞时,通常采用超声波振荡和溶菌酶的方法。这种方式提炼出的物质被称为粗提取液。如果需要分离的目标蛋白质仅局限于细胞的某一特定成分,那么应首先执行差速离心操作,以收集该特定细胞成分,然后再进行进一步的提取工作。要分离的目标蛋白是膜结合蛋白,首先需要解聚膜结构,这样这类蛋白才能被提取出来。在膜蛋白解聚的过程中,通常会使用超声波或者去污剂进行处理。

2. 粗分级分离

粗分级分离是指将所要蛋白质与其他杂蛋白质分离的过程。可用盐析、等电点沉淀、超过率、凝胶过滤层析等方法进行粗分。

3. 细分级分离

细分级分离是指将粗分级分离的目的蛋白进一步进行纯化分离的过程,往往用层析、电泳、凝胶过滤等方法。

4. 结晶

结晶是提纯蛋白的一个过程。蛋白质纯度越高、溶液越浓,就越容易结晶。

(二)蛋白质分离纯化的常用方法

利用蛋白质理化性质的差异,可以对蛋白质进行分离与纯化。常用的蛋白质分离纯化有以下几类。

1. 根据蛋白质分子大小不同进行分离

①透析:通过利用蛋白质无法穿越半透膜的特性,实现了蛋白质与其他小分子物质的有效分离。该方法涉及将需要纯化的蛋白质溶液置于一个由半透膜组成的透析袋中,该袋外部装有透析液,这些透析液是可以替换的。透析技术仅能将蛋白质与小分子物质进行分离,对于混合蛋白质则无法做到完全分离。

②超过滤技术:在进行透析的过程中,通过增加离心力或施加压力,强制地让小分子物质和水通过半透膜,从而实现小分子物质与蛋白质的有效分离。

③凝胶过滤技术:通过利用不同大小的蛋白质分子来实现其分离。凝胶在吸水膨胀后被放入分离柱,这种凝胶实际上是一个内部多孔的网状构造,而孔的尺寸直接影响到凝胶的分离能力。具有较大凝胶孔径的蛋白质分子会直接从凝胶的外部流动,这被定义为排阻的最大限度。当

分子质量相对较低时,所有的分子都需要穿越凝胶的内部,并且需要最长的时间才能被洗净,这被定义为排阻的下限。在排阻的上下界之间定义了一个分离的界限。在这个界限内,直径较大的蛋白质分子难以进入凝胶的内部,而直径较小的则更容易进入凝胶,并且它们在下口的流出时间也相对较晚。通过在不同的时间段分阶段收集从下口流出的液体,我们可以实现蛋白质的分离和纯化。常见的凝胶类型包括交联葡聚糖凝胶、聚丙烯酰胺凝胶以及琼脂糖凝胶。

2. 根据蛋白质溶解度不同进行分离

①关于盐溶和盐析:盐溶描述的是中性盐在低浓度下提高蛋白质溶解度的过程。当少量的低浓度中性盐被加入到蛋白质溶液中,它们会吸附在蛋白质的表面,导致带电层之间的相互排斥增加。

盐析是一种在高浓度的中性盐的作用下,蛋白质从水溶液中析出并沉淀下来的过程。所使用的中性盐主要包括硫酸镁、硫酸钠、硫酸铵和氯化钠等成分。

②等电点沉淀技术:当蛋白质处于等电点状态时,其粒子的静电排斥能力是最低的,因此其溶解能力也是最低的,更容易形成沉淀。因此,在特定的条件下,当调整某蛋白质溶液的 pH 值至其等电点时,该蛋白质会全部或大部分沉淀,然后再调整 pH 值以继续分离混合蛋白质中的其他蛋白质成分。

3. 根据蛋白质带的电荷蛋白质进行分离

①电泳法:当带电的粒子在电场作用下向相对的电极方向移动时,这种行为被称为电泳。电泳速度受到粒子的电荷特性、电荷含量以及分子尺寸的综合影响。电泳技术经常被应用于氨基酸、肽等小分子的分离和少量的制备过程中,但它通常不被用于分离和纯化大分子的蛋白质。然而,电泳作为一种关键的分析工具,能够迅速确定混合物中各种蛋白质的数量或所需蛋白质的纯化水平。当带电离子在电场中移动时,它会受到电场力和摩擦力这两种力量的影响,而这两种力量的作用方向是相反的。电荷在离子中的数量越多,其电泳的速率也就越高;当离子的直径或其相对分子质量增大时,摩擦力也随之增大,从而导致电泳的速度降低。目

前,聚丙烯酰胺凝胶电泳被广泛采用。

　　②离子交换层析法涉及使用阳离子交换剂和阴离子交换剂。当分离出的蛋白质溶液流过离子交换层析柱时,带有与离子交换剂相同电荷的蛋白质分子会被吸附在交换剂上。携带同种净电荷的蛋白质分子越多,其吸附力就越强。然后,通过改变 pH 值或调整离子强度的方法,可以将吸附的蛋白质按照吸附力从小到大的顺序依次洗脱掉。

二、蛋白质的含量测定

　　测定蛋白质的含量,除了蛋白质染色反应中所述的双缩脲法,常用的还有以下几种。

(一)凯氏定氮法

　　凯氏定氮法能够测定包括可溶性蛋白质和不溶性蛋白质在内的总量,但它的一个缺点是无法区分蛋白氮和非蛋白氮,因此,测定后得到的蛋白质含量被称为粗蛋白质含量。当测量样本中存在非蛋白氮成分时,由于难以进行区分,这可能导致测量结果偏向较大值。

(二)紫外吸收法

　　在蛋白质分子中,芳香族氨基酸在大约 280 nm 的波长下显示出强烈的紫外线吸收特性,这一特性被用于量化蛋白质溶液中的蛋白质含量。

(三)考马斯亮蓝染色法

　　考马斯亮蓝法是一种基于蛋白质与染料结合原理的方法,用于快速且灵敏地定量测定微量蛋白质的浓度。

(四)其他方法

　　例如使用福林－酚的试剂方法。蛋白质分子通常包含酪氨酸,而酪氨酸中的酚基可以将福林试剂中的磷钼酸和磷钨酸还原为蓝色化合物(钼蓝和钨蓝化合物),其深度与蛋白质含量成正比,可以通过比色法进行测定。与双缩脲法相比,这种方法具有更高的灵敏度。

三、多肽和蛋白质的人工合成

　　随着对某些肽和蛋白质化学结构的逐步明确,如何通过人工手段合成具有生物活性的肽和蛋白质已经成为科研人员面临的重要任务。

(一)肽的人工合成

合成肽的人工方法主要有两种：一种是由不同的氨基酸按照特定的顺序进行控制合成，而另一种则是由一种或两种氨基酸进行聚合或共同聚合。

第一种方法面临的一个挑战是，用于接肽反应的试剂可能会与其他不应参与接肽的功能团同时发挥作用。例如，肽链氮端的游离氨基、C 端的游离羧基以及侧链上的一些活跃基团，尤其是－SH 等，都可能与接肽试剂发生反应。因此，在进行接肽操作之前，需要采用适当的手段来保护羧基、氨基或活跃的 R 基团，以防止它们与接肽试剂发生反应，从而生成非目标物质。在肽键形成后，需要移除保护基。因此，在进行肽键的合成时，连接每一个氨基酸的残基都需要经历数个关键步骤。当然，如果想要获得一个长度足够的多肽，那么每一个步骤的产出率都必须是相对较高的。

作为一个保护基，它不仅在接肽过程中起到了保护功能，而且在接肽后可以轻松移除，避免肽键断裂的情况发生。

1. 叠氮法

由小肽进一步缩合成大肽时，常用叠氮法。此法不引起消旋，因此产物光学纯度比较高。

2. 活化酯法

氨基被保护的氨基酸对硝基苯酯（一种活化酯）能与另一个氨基的氨基酸缩合成肽。此法作用温和，产率较高。

3. 混合酸酐法

受到氨基保护的氨基酸，在温度较低且叔胺存在的条件下，与氯甲酸乙酯反应生成混合酸酐，并能与其他氨基酸酯进行缩合，形成肽。其不足之处在于容易出现消旋现象，但在无水的溶剂环境中，消旋能够维持在一个相对较低的水平。

通常来说，氨基的激活过程并不需要采用特别的方法，而是在接肽的过程中加入如三乙胺这样的有机碱,以确保氨基保持在一个自由的状态中。

(二)胰岛素的人工合成

人工合成蛋白质不仅在理论层面具有巨大的重要性,同时也为医药工业在合成比天然产物更高效的多肽、抗生素和激素等药物方面展示了巨大的潜力和前景。

第三章　酶的化学

第一节　酶的概述

一、酶的化学本质

酶在生物系统中扮演着催化剂的角色,无论是物质的转换还是能量的转换,生物体内的各种化学过程都依赖于特定的酶来进行催化。在酶的催化作用下发生化学变化的物质被称为底物,而那些由酶催化的化学反应则被称为酶促反应。在理论与实践两个层面上,酶学知识都具有至关重要的价值。

(一)大多数酶是蛋白质

迄今为止,科学家们已经对数以千计的酶进行了分离和纯化,并通过分析确认了这些酶实质上是蛋白质。证明大部分酶实质上是蛋白质的证据是:经过水解的酶产生的物质是氨基酸;蛋白酶的水解作用可能导致其失去活性;酶是生物大分子的一部分,各种酶都有其独特的空间构造,导致蛋白质发生变性的元素可能会导致酶的失活;酶与蛋白质一样,都拥有两性解离的特性,并显示出其独特的等电点;酶是无法穿透半透膜的;它展现出与蛋白质相似的色彩反应。

从化学成分角度分析,某些酶主要是纯蛋白质,它们的分子结构完全由蛋白质构成,不包含非蛋白质成分,例如大部分的水解酶,例如脲酶、蛋白酶、淀粉酶、脂肪酶和核糖核酸酶等;某些酶是缀合蛋白质(也称为结合蛋白质),在其分子结构中,除了蛋白质,还存在其他非蛋白质成分,例如氧化还原酶等。前者被称为纯酶,而后者则被命名为缀合酶。在缀合酶中,蛋白质部分被称为酶蛋白或脱辅酶,而非蛋白质部分则被称为辅因子,由酶蛋白和辅因子构成的完整分子被称为全酶。

(二)某些 RNA 有催化活性

多年来,人们普遍认为所有酶实际上都是蛋白质,这一观点几乎形成了一种固定的规律。在 20 世纪 80 年代,科学家们逐渐揭示了 RNA 的催化作用,这种酶被称核酶。随着时间的推移,人们发现了越来越多的 RNA 催化剂。

二、酶的分类和命名

通常,酶的命名是基于其底物和反应的种类来确定的。例如,对糖有作用的物质被称作糖酶;那些能够催化底物进行水解的酶被称作水解酶;某些是基于底物来判断的,如淀粉酶和蛋白酶;某些反应是基于其性质,例如水解酶;有些人尝试将这两种功能结合在一起,例如氨基酸氧化酶;某些则是基于其来源,例如唾液中的淀粉酶等。鉴于酶的种类繁多,再加上过去的命名习惯并没有统一的标准,这可能导致某些混淆。

三、酶的结构

(一)酶的结构

酶蛋白也由组成一般蛋白质的 20 种常见氨基酸所组成。根据酶蛋白分子的特点,将酶分为以下 3 类。

1. 单体酶

它通常是由多条肽链构成的,例如牛胰核糖核酸酶、胃蛋白酶以及溶菌酶等。然而,也存在一些单体酶是由多条肽链构成的,例如胰凝乳蛋白酶是由三条肽链组合而成,这些肽链通过二硫键相互连接,形成一个共价的整体结构。这类单体酶通常是由一个前体肽链经过活化后断裂形成的。

2. 多酶复合物

多酶系,也被称为多酶系,是由多种酶通过非共价键相互嵌合形成的复合体。在这个体系中,每一种酶负责催化一种特定的反应,而前一种酶生成的物质则是后一种酶的底物。这一过程是按照这样的顺序进行的,直至复合物内的每一种酶都参与到该反应中。这种方式有助于连续进行一系列的反应,从而提升了反应的效率。这种复合物的相对分子质量相当高,通常超过 100 万。

对于缀合酶来说,它的全酶结构还包含了辅因子,大部分辅因子具有核苷酸结构,其中很多含有维生素和嘌呤碱,也有一些含有铁叶和其他化合物。辅因子主要用于传递氢或化学基团,同时也存在传递电子的功能,其工作原理将在未来的相关反应中详细阐述。

(二)酶的活性部位与必需基团

酶的分子构造构成了其功能的物质根基。酶蛋白与非酶蛋白质的区别,以及各种酶的催化和专一性,都源于它们独特的分子结构特点。

酶的活性部位,也被称为酶的活性中心,指的是酶分子中能够与底物结合并进行催化反应的特定空间区域。一个酶的活跃部分是由其结合部分和催化部分共同构成的。前者与底物直接结合,这决定了酶的专一性,也就是决定与哪种底物结合;后者直接涉及到催化过程,并决定了催化反应的具体性质。单纯酶(即那些不依赖于辅基的酶)的活跃部分是由肽链中的氨基酸残基或小肽段构成的三维构造;缀合酶(即那些需要辅基的酶)的活跃部分不仅包括构成这些活跃部分的氨基酸残基,还涵盖了一些辅因子的特定化学构造,例如磷酸吡哆醛、核黄素和血红素等。

存在两种类型的必需基团:一种是直接参与底物结合和催化底物化学反应的化学基团,被称为活性部位内的必需基团;另一种则是不直接与底物发生反应,但能保持酶分子的构象,确保活性部位的相关基团处于最佳的空间位置,并对酶的催化活性产生间接影响的必需基团,被称为活性部位外的必需基团。

四、酶催化作用的特点

作为生物催化剂的酶,在进行某一化学反应时,既继承了普通催化剂的属性,同时也展现出与普通催化剂不同的独特之处。酶的功能与常规催化剂相似,仅限于催化热力学所允许的化学过程;化学反应的速度可以被提升或调整,但这并不会改变反应的稳定点,也就是说,反应的平衡常数保持不变;所有的作用原理都是减少反应的活化能量;在化学反应的前后阶段,酶的质量和数量都保持不变,而且即使是极少量的酶也能展现出强大的催化效果。然而,酶与普通催化剂相比也有其独特之处,具体包括以下几个方面。

(一)酶的不稳定性

酶本质上是由蛋白质构成的,因此,外部环境很容易通过改变酶蛋白的结构和特性来对其催化活性产生影响。因此,酶对于引发蛋白质变性的各种因素(如高温、强烈的酸碱环境、重金属盐和有机试剂等)都表现出极高的敏感性,极易受到这些因素的不良影响,从而导致蛋白质变性和失活。在常温、常压以及接近中性的酸碱环境中,酶催化的化学反应通常会进行。

(二)酶的催化效率极高

相较于无机催化剂,该反应的速度提升了106倍。显然,与普通催化剂相比,酶具有更高的催化效能。

(三)酶催化的反应具有高度的专一性

不同于常规的催化剂,酶对其催化的底物显示出更为严格的选择性。也就是说,一种酶只针对一种或一种特定的化合物,或者作用在特定的化学键上,以促进特定的化学反应,从而产生特定的产物,这一现象被称为酶的特异性或专一性。基于酶对底物结构选择的不同严格性,通常可以将其分类为绝对专一性、相对专一性以及立体构型专一性这三种类型。

1.绝对专一性

绝对专一性描述的是一种酶仅能针对特定的底物进行作用,并能催化特定的化学反应。例如,脲酶仅能催化尿素的水解过程,而对于尿素的衍生物,例如甲基尿素,它则无法发挥作用;麦芽糖酶仅能促进麦芽糖的水解过程,对于蔗糖和乳糖这类二糖则没有催化作用。

2.相对专一性

存在一种酶,它能够对特定的化学物质或化学键产生作用,这种特性被称作相对专一性。例如,蔗糖酶不仅有能力分解蔗糖分子中果糖与葡萄糖的连接部分,还可以分解棉子糖中的这种连接部分。磷酸酶对大多数磷酸酯酶都具有活性,但其反应的速率存在差别。

3.酶催化活力与酶量的可调节性

生物体的生命过程揭示了其生化反应过程的有序性,这种有序性是由多个因素共同决定的,其中酶的活性调节只是一个重要方面。酶活性的调控涵盖了调整酶的浓度和活性两个方面。在生物体内,酶的活性是由多个不同的机制进行调控的。例如,酶在亚细胞结构中的具体位置;涉及多种酶的体系和多种同工酶的种类;代谢产物对酶的活跃性产生了抑制和激活作用;关于酶的结构变化和化学调整;酶的生物合成受到了诱导和抑制;涉及到酶原的激活以及神经和激素等多种因素的调节。这确保了生物体的代谢过程既协调又统一,从而保障了生命活动能够正常进行。

五、酶活力的测定

在进行酶的分离和纯化,或者在研究酶的性质,甚至在酶的实际应用中,经常需要测量酶的活性,而这种活性的测量实质上就是对酶的精确量化。酶活性,也被称为酶活力,描述的是酶催化化学反应的速度。酶催化的化学反应速度越快,酶的活性也就越强;相对地说,酶催化的化学反应速度越快,其活性就越低。

(一)酶活力测定过程中的注意事项

测量反应的初始速度:在酶的反应中,如果反应条件被固定,那么产物的生成量将与反应的时间相对应。曲线的倾斜度,也就是在一个单位的时间里,产物的生成量如何变化,这代表了反应的速度。

在反应的初始阶段,反应的速度保持稳定,这意味着产物的产出量与时间之间存在直线对应关系。然而,随着反应时间的逐渐增长,曲线的斜率持续下降,同时反应的速度也在逐步减缓。有许多因素可能导致反应速度的减缓,例如,随着反应的进展,底物的浓度会下降,而产物的浓度则会上升,这进一步加速了逆反应的速度;可能是因为产物对酶产生了抑制效果;可能是因为酶在化学反应过程中失去了活性。为了准确地描述酶促反应的速度,我们必须采用反应的初始阶段速度,也就是反应的初始速度。在这种情况下,某些关键因素尚未开始发挥作用,而产物的生成量与时间曲线之间的关系几乎是线性的。为确保测量出的速率为初始速率,我们通常采用底物浓度变动在初始浓度的 5% 范围内的速度作为初始速率。

酶的反应速度与常规的化学反应速度相似,通常可以通过单位时间内的底物减少或产物增加来描述,但在实际应用中,通常是用单位时间内的产物增加来表示。在测定酶的反应速度时,由于底物通常是过多的,所以底物的减少只占总量的很小一部分,这使得测定的准确性变得困难;产物从零开始,只需采用灵敏的测定手段,便能轻松且精确地进行测量。

酶的反应速度受到反应温度、pH 值、离子浓度和底物浓度等多个因素的影响,因此在测定酶的反应速度时,这些变量应保持稳定。

在测量酶的反应速度时,需要确保底物的浓度远远高于酶的浓度,使得酶的反应趋近于零级反应,此时的反应速度与底物浓度并不相关,而是与酶的浓度直接相关。

(二)酶的比活力

酶的比活性,也就是酶的比活性,是指每毫克蛋白质中含有的酶活力单位数。

在某些情况下,我们使用每克酶制剂中的酶活性单位数来进行表示。酶的比活力反映了酶的纯净度,对于同一种酶,比活力更高意味着酶制品的纯净度更高。

(三)酶活力的测定方法

酶活力测定常用的有如下三种方法。

1.终点法

化学反应法,也被称为化学反应法,是在酶催化的反应持续一段时间后,结束其过程,并采用化学或物理方法来测量产物或底物的变化量。在具体的操作过程中,通常会间隔一段时间,分几次取出一定体积的反应液,然后使用5%的三氯乙酸或加热等方法来终止酶的反应。接下来,我们使用显色剂与产物或底物进行显色反应,生成在紫外—可见区域具有典型光吸收特性的物质。然后,利用紫外—可见分光光度计来测定这些物质的吸光度,并从标准曲线中计算出产物的增加量或底物的减少量。

2.动力学法

该方法无需中断任何反应,能够连续测量酶反应过程中的底物和产物的变化,从而直接确定酶反应的初始速度。在动力学方法中,分光光度法和荧光法是被广泛采用的技术。

3.酶偶联法

这种方法是将一些不会发生光吸收或荧光变化的酶反应与可能导致光吸收或荧光变化的酶反应结合在一起,即第一个酶的产物作为第二个酶的底物,通过第二个酶反应产物的光吸收或荧光变化来测定第一个酶的活性。

第二节 酶促反应机理

一、中间产物学说

关于酶的高效性,目前广泛接受的观点是1913年提出的酶的中间产物理论。酶活性能降低的根本原因在于酶参与了这一化学反应。具体来说,酶分子首先与底物分子结合,形成了一个不稳定的中间产物(也称为中间结合物)。这种中间产物不仅易于生成,还能轻易地分解并释放出原始的酶,从而将原本活化能较高的一步反应转变为活化能较低的两步反应。活化能的减少导致了活化分子的显著增长,从而使得反应的速度得到了快速的提升。

这一理论的核心观点是,酶在底物反应中起到了关键作用,产生了不稳定的中间物质,从而导致反应在活化能较低的路径上迅速展开。实际上,许多实验已经证明了中间产物学说的存在,证明中间产物是真实的。

依据中间复合物的理论,我们能够解读米氏方程中的曲线。在酶的浓度保持不变的情况下,当底物浓度极低时,酶并未达到底物的饱和状态,此时的反应速度会随着底物浓度的上升而线性上升。随着底物浓度的持续上升,ES 生成的数量也随之增加,因此反应的速度与 ES 浓度紧密相关,也随之上升。然而,随着 ES 数量的逐渐增加,其分解为 E 和 S 的逆反应速度也随之上升,因此整体的反应速度增长速度开始放缓。在底物浓度较高的情况下,溶液中的酶完全被底物所饱和,因此,即便底物浓度有所增加,ES 生成也不会增加,因此此时的反应速度与底物浓度并没有直接关系。

至今,中间复合物的理论已经得到了电子显微镜、X 射线晶体构造以及光谱学实验等多方面的验证。

二、诱导契合学说

关于酶专一性的理论,早期有"锁与钥匙"的观点被提出,即酶与其底物之间存在锁和钥匙的联系。然而,这一观点具有一定的局限性,特别是在解释酶促反应的逆反应方面,因为在这一特定机制下,同一种酶不可能同时与底物和产物进行准确的结合。后续,"诱导契合假说"被提出,这一理论主张酶的活性部分并不是像"锁与钥匙"理论那样固定不变,而是具有一定的灵活性和可变性。当酶没有与底物分子结合时,酶的活性部分的结构并不适合与底物结合。但是,在与底物分子接近的过程中,酶蛋白会受到底物分子的诱导,其结构发生有利于底物结合的变化。在这个基础上,酶和底物会互补契合进行反应。同时,底物分子在靠近酶分子的过程中,其化学组成和结构也会转变为中间过渡态。通过 X 射线晶体结构的实验分析,证实了这一理论,即在酶与底物结合的过程中,确实存在明显的构象变化,这一理论也为酶的专一性提供了合理的解释。酶的结合区域(即活性中心)看起来就像一只柔软的手套。在没有底物的情况下,手套的形态与手的互补性不是很明显,但当手插入手套时,这种互补性就变得非常明显,可以区分是左手还是右手,这意味着手套对结合的底物具有立体异构的选择性。当酶从 ES 复合物中分离出来时,它的原始结构便得以恢复。

三、酶的作用机制

(一)底物和酶的邻近与定向效应

在酶催化反应中,底物的浓度通常是非常低的,这导致底物分子间的碰撞几率极低。只有当底物分子在化学反应体系中以正确的方向发生碰撞时,反应才有可能发生。在酶的催化作用下,底物能够集结在酶活性的核心区域,它们之间相互接近,从而形成有助于正确反应方向的关系。此外,当底物与酶的活性中心相结合时,这也可能触发酶蛋白的某种构象变化,确保其催化和结合基团的正确位置和排列,从而促进底物与酶之间的更好互补,这一机制被称为邻近效应和定向效应。事实上,这一过程将分子之间的化学反应转化为类似于分子内部的反应,从而显著加快了反应的速度。通过 X 射线衍射技术,我们已经确认溶菌酶和羧肽酶中确实存在邻近效应和定向效应。

(二)酸碱催化

在酶的活性中心,氨基、羧基、巯基、酚羟基和咪唑基等都可以作为质子的提供者或接收者来催化底物,从而提高反应的速度。His 的咪唑基功能显得尤为关键,因为在 pH 值趋近于中性的环境中,咪唑基可以被看作是质子的传输,它既能供应质子,也能接受质子。在细胞内,众多的有机化学反应,例如基水化(从加水到羰基)、羧酸酯和磷酸酯的水解、分子的重新排列以及脱水生成双键等,都在"酸"和"碱"(即质子供体和质子受体)的催化作用下进行。

(三)共价催化

共价催化也被称为共价中间产物的理论。其核心观点在于：某些酶能够加速反应速度，这是因为它们与底物通过共价键生成一个高度共价的中间产物，从而降低能量阈值并加速反应过程。共价催化可以分为亲核催化和亲电子催化两种，其中亲核催化是最常见的，而亲电子催化则相对较少。

亲核催化：这种酶的活跃部分通常包含亲核基团，例如 Ser 的羟基、Cys 的巯基和 His 的咪唑基等。所有这些基团都配备了多余的电子对作为电子供应者，并与底物的亲电子基团通过共价键进行结合，从而生成共价的中间产物，以迅速完成化学反应。

(四)金属离子催化

金属离子在酶的催化过程中有多种参与方式，其中最主要的一种是与底物结合，确保其在化学反应中的正确方向；其次，氧化还原反应可能是通过观察金属离子的氧化态变化来实现的；第三点，有可能是通过静电效应来稳定或隐藏负电荷。更具体地说，金属离子在酶的催化反应中起到的主要作用是确保酶维持一个稳定且具有催化活性的结构，并确保反应基团位于所需的三维结构中。此外，金属离子还能接收或提供电子，激活亲电或亲核试剂，并通过特定的配位键使酶与其底物结合，从而隐藏亲核试剂，避免不良反应的发生。

(五)多元催化与协同效应

在催化有机反应方面，酸碱催化剂被认为是最普遍且最高效的催化剂。然而，常见的催化剂大多只处于一种解离模式，也就是仅由酸或碱来催化。酶作为一种两性电解质，其内部的多功能基团拥有各自不同的解离常数。即便是在不同蛋白质分子中，同一种功能基团所处的微环境也会导致解离度存在差异。因此，同一种酶往往同时具有酸性和碱性的双重催化效应。这类具有多种功能的基团，如辅酶和辅基，它们之间的合作可以显著提高酶的催化效果。值得一提的是，酶促反应通常是共价催化理论、酸碱催化理论等多个催化机制综合作用的结果。

(六)活性部位微环境

正如蛋白质结构所描述的,功能区域通常位于内部的疏水性环境中,这个区域通常是一个裂缝,是一个低介电的区域。在这种非极性的环境条件下,两个带电基团间的静电互动明显增强。当底物分子与酶的底物结合中心结合时,它们会被隐藏在这样的环境中,这极大地增强了酶的催化能力。

上面提到的6个解释均能证明酶具有高度的催化活性,但对于特定的酶来说,这些解释可能更为偏重。以溶菌酶为例,在催化细胞壁中特定糖苷键的水解过程中,其主要功能是改变底物的构象。这意味着底物分子中的一个糖环(D环)从正常的椅状构象转变为更高能量的半椅状构象,这一变化降低了糖苷键的键能,并加速了其断裂过程。

第三节　酶活性的调节

一、酶的变构效应

在蛋白质化学的章节中,已经探讨了血红蛋白的变构调控,许多生物体内的酶也展现出相似的变构行为。在细胞内,某些中间代谢物可以与酶分子活性中心之外的特定部位形成非共价键的可逆结合,这种结合改变了酶的构象,并进一步影响其催化活性,从而影响代谢反应的速度,这一过程被称为变构效应或别构效应。这种针对酶催化活性的调控方法被称作变构调控。那些具备变构调控功能的酶通常被称作变构酶或者是别构酶。

在酶分子中,与中间代谢物相结合的区域被称作变构区域或调控区域。那些能够产生变构效应的代谢产物被称作变构效应剂。当某种效应剂可以提高酶的活性并加快其反应速度时,我们通常称其为变构激活剂;相对地说,那些降低酶的活跃度和反应的速度的物质,被视为变构抑制剂。

基于变构效应物是否作为底物,我们可以进一步将其分类为同促效应与异促效应。同促效应描述的是当变构效应物作为底物时,酶蛋白与其结合,从而导致催化部分与催化部分之间发生互动;异促效应描述的是一种小分子物质,其在变构效应物作为底物之外,与活性部位结合后产生的相互影响关系。

变构酶分子通常包含多个亚基(通常是偶数),而这些酶分子的催化区域(即活性中心)和调节区域,有的位于同一亚基内,有的则不在同一亚基内。含有催化成分的亚基被称作催化亚基;那些包含调节区域的亚基被称作调节亚基。拥有多个亚基的变构酶与血红蛋白具有相似的协同作用,这包括正面的协同效应和负面的协同效应。当效应剂与酶的某一亚基发生结合时,这个亚基的变构作用会导致邻近的亚基也发生相应的变构,并增强了与该效应剂的亲和性,这种协同作用被称为正协同效应;如果接下来的亚基变构导致对这种效应剂的亲和性下降,那么这种协同作用被称作负协同效应。

二、酶的共价修饰

通过共价修饰来调整是另一种对酶活性进行调控的关键手段。在其他酶的影响下,某些调节酶对其多肽链中的特定基团进行了可逆的共价修饰,从而实现了在高活性和相对较低活性之间的相互转换。这类互变现象实质上是由两类催化不可逆反应的酶所触发的,并且这些酶通常还受到激素调节的影响。

在酶分子上,特定的丝氨酸、苏氨酸或酪氨酸残基上的—OH 的可逆磷酸化修饰是最普遍的共价修饰方法。在真核细胞内,大约 $1/3 \sim 1/2$ 的蛋白质经历了可逆磷酸化的修饰,其中许多都是对代谢过程起到关键调控作用的酶。蛋白质的磷酸化和脱磷酸化是生物体内普遍存在的调节机制,并在多个生物系统中都扮演着重要的角色。某些情况下,它们经常会受到激素或甚至神经系统的影响,从而引发级联放大效应。磷酸基与酶分子上的特定氨基酸残基结合是由蛋白激酶所催化,而磷酸基的去除则是由蛋白磷酸酶所催化的。某些酶分子上仅存在一个磷酸化的位置,而另一些酶分子上则有多个磷酸化的位置。

所有可以通过可逆磷酸化共价修饰来调整其活性的共价调节酶,都涉及一个共同的环节,即,由蛋白激酶和蛋白磷酸酶催化的共价调节酶分子自身的磷酸化和脱磷酸化反应。

三、同工酶

同工酶指的是那些在催化相同化学反应时,其酶蛋白在分子构成、构造、物理和化学特性,甚至免疫特性和电泳行为上都存在差异的酶组合。这是基因在长时间的进化中分化出来的结果。同工酶分布在同一属或同一个体的不同组织中,或者在同一细胞的不同亚细胞结构里,它在代谢过程中发挥着关键作用,对于疾病的诊断和鉴别具有极其重要的帮助。

四、酶原激活

某些酶在细胞内进行合成或初次分泌时,仅仅作为酶的无活性前体存在。在某些特定因素的作用下,这些酶需要水解掉一个或多个特定的肽键,进而改变酶的结构,以展示其活性。这类没有活性的酶的前体被称作酶原。将酶原转化为酶的这一过程被称作酶原的活化。实际上,酶原的活化是通过移除一个无用的肽段,从而导致酶活性中心的生成或暴露。

在消化道中,蛋白酶原的活化表现出级联的反应特性。当胰蛋白酶原受到肠激酶的激活,所产生的胰蛋白酶不仅能够自我激活,还能进一步激活糜蛋白酶原、羧肽酶原等,从而加快食物的消化过程。在血液中,与凝血和纤维蛋白溶解系统有关的溶血酶主要以酶原的方式存在,并且它们的活化过程显示出明显的级联反应特性。因此,当一小部分凝血因子被触发时,它们可以通过类似瀑布的放大效应,迅速地将大量的凝血酶原转变为凝血酶,从而触发迅速且高效的血液凝固过程。

酶原在生理上扮演着至关重要的角色。对蛋白酶而言,它能够防止细胞生成的蛋白酶对细胞进行自我消化,并确保这些蛋白酶在某些特定区域发挥其功能。除此之外,酶原也可以被认为是酶的存储方式。例如凝血酶和纤溶酶,它们在血液中以酶原的方式工作,当有必要时,它们会转变为活性酶,从而为机体提供保护。

第四章 糖的代谢

第一节 多糖和低聚糖的酶促降解

一、淀粉的酶促降解

淀粉的直链是通过葡萄糖单元 $\alpha-14-$ 糖苷键来连接的,而其分支部分则是通过 $\alpha-16-$ 糖苷键来连接的。淀粉在细胞之外的分解过程主要依赖于加水分解,这一过程需要多种糖苷酶的催化作用,包括但不限于 $\alpha-$ 淀粉酶、异淀粉酶和 $\alpha-16-$ 糖苷酶等。淀粉是由葡萄糖通过 $\alpha-14-$ 糖苷键和 $\alpha-16-$ 糖苷键构成的,因此,水解过程实际上就是对 $\alpha-14-$ 糖苷键和 $\alpha-16-$ 糖苷键进行水解的过程。

淀粉在以上三种酶的作用下最终会被降解为葡萄糖和麦芽糖的混合物。

二、淀粉或糖原的磷酸的解——细胞内降解

在细胞内部,受到磷酸化酶的催化作用,淀粉或糖原的非还原部分中的葡萄糖会逐一分解,形成葡萄糖-1-磷酸,这种降解过程会持续到分支点前存在四个葡萄糖残基为止。在脱支酶(寡聚-14-葡萄糖转移活性)的催化作用下,糖原分支上的三个葡萄糖残基被转移到主链的非还原末端,然后在分支点只留下一个 $\alpha-16-$ 糖苷键连接的葡萄糖残基。接下来,在脱支酶($\alpha-16-$ 葡萄糖苷键酶活性)的催化作用下,将分支处的葡萄糖残基分解成游离状态的葡萄糖。淀粉或糖原的其他所有部分都可以按顺序分解,最后完全被水解成葡萄糖-1-磷酸和葡萄糖(只有在分

支位置的葡萄糖残基才会被水解成葡萄糖）。

三、纤维素的酶促降解

纤维素的分解过程依赖于纤维素酶与纤维二糖酶的协同作用。纤维素酶首先将纤维素分解为纤维二糖，接着在纤维二糖酶的催化下，它会完全分解为葡萄糖。

四、双糖的酶促水解

双糖的主要成分包括麦芽糖、蔗糖、乳糖以及纤维二糖等，而双糖的酶解过程主要是在双糖酶的催化作用下完成的。双糖酶的主要种类包括麦芽糖酶、蔗糖酶、乳糖酶和纤维二糖酶，这些都是糖苷酶的一部分，它们在植物、微生物以及动物的小肠液体中都有广泛的分布。

当人体和动物摄入的单糖和低聚糖在消化系统中被分解为单糖时，小肠有能力将其吸收并输送到血液中。首先，葡萄糖是通过门静脉进入肝脏的，其中一部分被转化为肝糖原进行储存，而另一部分则通过肝静脉进入血液系统，转化为血糖，然后通过血液循环将葡萄糖输送到机体的各个组织细胞，以进行合成和代谢等多方面的利用。

在消化系统中，人和动物摄入的多糖和低聚糖分解后产生的单糖不仅包括葡萄糖，还包括果糖、半乳糖等其他单糖。这些单糖在进入血液后通常被称为血糖，但在临床实践中，血糖主要指的是血液中的葡萄糖。

第二节 糖的分解代谢

一、糖酵解

糖酵解是一个过程，其中 1 分子葡萄糖通过一系列的酶催化反应被氧化分解为 2 分子丙酮酸，并生成 NADH 和少量的 ATP。

(一)糖的无氧分解(糖酵解)的过程

1.己糖磷酸酯的生成(活化)

在这个阶段,如果以葡萄糖为起点,将会经历三个主要的化学反应步骤,分别是磷酸化、异构化和再磷酸化;然而,如果从糖原阶段开始,这将涉及到四个主要的化学反应步骤,分别是磷酸解、变位、异构化以及再磷酸化。

①己糖激酶催化的是不可逆的反应,消耗能量,是糖的无氧氧化的第一个限速步骤。

②己糖磷酸异构酶催化的反应是可逆反应,不需要能量。

③葡萄糖磷酸变位酶的变位过程并不是通过葡萄糖－1－磷酸分子内部的磷酸基团转移来实现的,而是首先与葡萄糖磷酸变位酶的磷酸基结合,生成葡萄糖－16－二磷酸,然后将 6 号位上的磷酸基归还给葡萄糖磷酸变位酶。因此,这一化学反应的核心机制是通过葡萄糖磷酸变位酶的磷酸化型和非磷酸化型之间的转换来完成的。

2.丙糖磷酸的生成(裂解)

①裂解过程:在醛缩酶的催化作用下,果糖－16－二磷酸分子在第 3 和第 4 碳原子之间发生断裂,从而生成了两种三碳糖:甘油醛－3－磷酸和二羟丙酮磷酸。

醛缩酶所催化的化学反应是可逆的。在标准条件下,平衡主要是朝着合成果糖－16－二磷酸的方向发展,但在细胞内部,由于丙糖被移走进行化学反应,平衡则是朝着裂解的方向前进。

②在丙糖磷酸异构酶的催化作用下,反应是可逆的。由于在无氧氧化条件下生成的反应物为甘油醛－3－磷酸,因此该反应主要朝着生成甘油醛－3－磷酸的方向发展。

3.甘油醛－3－磷酸生成丙酮酸(放能)

在这个阶段,存在两个负责产生 ATP 的区域,它们是第 2 步和第 5 步的反应,每一步都会产生一个 ATP 分子,因此这个阶段也被称为放能阶段。如果从 1 分子葡萄糖开始进行计算,那么在这个阶段的第 2 步和第 5 步反应都将分别进行两次,因此在这个阶段总共会生成 4 个 ATP 分子。

在无氧环境中,高等动物和某些微生物可以利用脱氢生成的 NADH＋H＋在乳酸脱氢酶的催化作用下,将丙酮酸还原为乳酸。该反应并不涉及 ATP 的产生和使用。

当人类和动物进行剧烈的运动(即氧气供应不足)时,肌肉细胞会进行糖酵解,以产生少量的能量,确保紧急的能量供应,但这也会产生乳酸,导致肌肉酸痛。血液里的乳酸浓度有所上升。然而,乳酸菌也可以通过这一发酵过程来制造奶酪、酸奶以及乳酸菌饮品。此外,这种方式也是厌氧生物和某些特定细胞获取能量的途径,例如,由于人的成熟红细胞缺乏线粒体,它们无法进行有氧氧化,因此只能通过酵解过程来获取能量。

(二)糖酵解的意义

几乎所有真核生物都有可能进行糖酵解,但从酵解的过程来看,葡萄糖并没有被完全分解,因此产生的能量也相对较少。对于那些需要氧气的生物来说,这种能量的缺乏并不具有太大的意义。①尽管糖酵解释放的能量相对较少,但它仍然对维持机体在缺氧环境中的生命活动起到了关键作用。②酵解过程中产生的中间物质为生物体提供了碳的基础结构,并与其他物质的生成和分解过程有所关联。

二、糖的有氧分解

在细胞的细胞质基质和线粒体这两个区域,糖的有氧分解过程正在进行中。整个代谢过程可以被划分为三个主要阶段:首先是在细胞质基质中进行糖酵解(将葡萄糖转化为丙酮酸),其次是在线粒体内膜上进行丙酮酸氧化脱羧(生成乙酰辅酶 A),最后是在线粒体内进行三羧酸循环。

三、戊糖磷酸途径

虽然糖酵解和三羧酸循环是身体内主要的糖分解和代谢路径,但它们并不是唯一的途径。实验性的研究发现,当在组织内加入如碘乙酸这样的酵解抑制剂(用于抑制甘油醛-3-磷酸脱氢酶)时,糖的无氧和有氧分解都无法进行,但葡萄糖还是可以被消耗掉。这表明葡萄糖还存在其他的代谢路径,其中戊糖磷酸路径就是一个例子。

(一)戊糖磷酸途径的过程

整个代谢过程可以被划分为两个主要阶段:氧化反应阶段和非氧化反应阶段。

1.葡萄糖-6-磷酸氧化分解生成核酮糖-5-磷酸:氧化反应阶段为三步不可逆反应

首先,在葡糖-6-磷酸脱氢酶的催化作用下,利用 NADP+作为辅助酶,实现了葡糖酸-6-磷酸内酯和 NADPH 的脱氢生成。

其次,在葡糖酸内酯酶的催化作用下,加入水以生成葡糖酸-6-磷酸。

最终,在葡糖酸-6-磷酸脱氢酶的催化作用下,实现了核酮糖-5-磷酸的脱氢生成。

2.核酮糖-5-磷酸的基团转移反应过程:是非氧化反应,均是可逆过程

在这个阶段,有一系列的化学反应,涉及的酶包括核酮糖-5-磷酸异构酶、核酮糖-5-磷酸差相异构酶、转酮醇酶和转醛醇酶,这些都是可逆的反应。

(二)戊糖磷酸途径的特点

①整个过程分为氧化阶段和非氧化阶段,反应部位是细胞质基质。
②不需要 ATP 参与,在低 ATP 浓度的情况下也可进行。
③整个反应过程中,脱氢酶的辅酶是 NADP+而非 NAD+。
④葡萄糖直接脱氢或脱羧,不经过酵解,也不经过三羧酸循环。

(三)戊糖磷酸途径的生理意义

戊糖磷酸路径中使用的酶在众多的动物和植物样本中都有所发现,

这表明这一路径也是一种普遍的糖代谢途径,其主要的生理作用可以从以下几个方面来理解。

第一,这是生物体内产生 NADPH 的主导路径。

第二,这是体内产生 5-磷酸核糖的唯一代谢路径。

第三,磷酸戊糖路径是身体内糖代谢与核苷酸和核酸代谢交汇的路径。

第四,它为丙糖、丁糖、戊糖、己糖和庚糖提供了一条特定的转化路径。

第三节　糖的合成代谢

一、糖异生作用

糖异生是指在细胞内,如甘油、丙酮酸、乳酸和某些氨基酸等非糖成分合成葡萄糖的过程。该过程主要在动物的肝脏(大约 80％)和肾脏(大约 20％)中进行,它是动物细胞合成糖的唯一方式。

(一)糖异生的反应过程

糖异生过程基本上可以视为糖酵解过程的反向过程。如果从丙酮酸开始进行糖异生,只需克服糖酵解过程中三个酶(己糖激酶、果糖磷酸激酶和丙酮酸激酶)催化的不可逆反应,然后再利用酵解过程中的其他酶的作用,就可以进行糖异生。

1. 丙酮酸转变成烯醇式丙酮酸磷酸

首先,草酰乙酸是由丙酮酸羧化酶作为催化剂生成的,接着,磷酸烯醇式丙酮酸羧激酶作为催化剂,进一步生成磷酸烯醇式丙酮酸。

由于丙酮酸羧化酶只在线粒体内存在,所以细胞质基质中的丙酮酸必须进入线粒体才能羧化生成草酰乙酸。而磷酸烯醇式丙酮酸羧激酶在线粒体和细胞质基质中都有存在,因此草酰乙酸可以直接在线粒体中转化为磷酸烯醇式丙酮酸,然后再进入细胞质基质,也可以在细胞质基质中转化为磷酸烯醇式丙酮酸。然而,草酰乙酸无法穿越线粒体膜,它可以通过两种途径进入细胞质基质进行转运:

通过谷草转氨酶的催化作用,天冬氨酸首先生成,随后被输送到线粒体中。当天冬氨酸进入细胞质基质后,它会在谷草转氨酶的催化作用下重新生成草酰乙酰。实验数据显示,当使用丙酮酸或某些能够转化为丙酮酸的生糖氨基酸作为原料进行糖的生成时,苹果酸会通过线粒体的方式进行糖异生。

2.葡萄糖-6-磷酸生成葡萄糖

由葡萄糖-6-磷酸酯酶催化完成:糖异生反应就是糖酵解途径的逆反应过程。

(二)糖异生的前体

以丙酮酸为核心,三种主要的糖异生作用成分包括乳酸、甘油以及氨基酸。在乳酸脱氢酶的催化作用下,乳酸转化为丙酮酸,并通过先前描述的糖异生路径生成葡萄糖;在甘油经过磷酸化反应生成磷酸甘油之后,它会被氧化为二羟丙酮磷酸,并通过糖酵解的逆向过程进一步合成糖;氨基酸在糖酵解或糖的有氧氧化过程中会通过多个途径转化为中间产物,进而形成糖;在三羧酸循环过程中,各类羧酸能够转化为草酰乙酸,并进一步形成糖。

(三)糖异生的意义

1.糖异生作用与乳酸的作用密切关系

在剧烈的体育活动或呼吸循环功能受损的情况下,肌肉的糖酵解过程会产生大量的乳酸。这些乳酸通过血液传输到肝脏后,会重新合成肝糖原和葡萄糖,从而间接地将无法直接生成葡萄糖的肌糖原转化为血糖。此外,这也有助于从乳酸分子中回收能量,更新肌糖原,并预防乳酸酸中毒的出现。这一过程也被称作乳酸的循环过程。

2.协助氨基酸代谢

实验数据显示,摄入蛋白质之后,肝脏中的糖原浓度有所上升;当患者进入禁食的晚期、患有糖尿病或皮质醇含量过高时,由于组织中的蛋白质开始分解,血浆中的氨基酸数量会增加,这使得糖的异生作用变得更为明显,因此氨基酸转化为糖可能成为氨基酸代谢的关键路径。

二、糖原的合成

糖原作为动物体内储存葡萄糖的一种方式,在人类和动物能量充沛的情况下,其肝脏和肌肉组织会将葡萄糖转化为糖原进行储存;在能量供给不充分的情况下,糖原会被分解成葡萄糖,并通过氧化过程释放出能量。糖原的分解和合成过程在调控血糖水平方面发挥着至关重要的角色。

糖原的每一个分支及其生成都可以通过上述的五个循环步骤来实现。

其合成过程中的一个显著特性是:合成糖原所需的葡萄糖供体主要依赖于 UDPG;的合成过程需要特定的引物;的合成趋势是从还原部分转向非还原部分;分支的形成依赖于分支酶的催化作用。

磷酸化酶是糖原分解的核心酶,而在糖原的合成过程中,糖原合成酶起到了至关重要的作用。这两种酶的活跃性都是由酶的磷酸化或脱磷酸化的共价修饰所调控的。磷酸化过程让磷酸化酶变得活跃,但导致糖原合成酶失去了其功能;相对地说,脱磷酸化会导致磷酸化酶失去其活性,但糖原合成酶仍然保持其活性。

胰岛素、肾上腺素和胰高血糖素等激素共同影响糖原的分解和合成速率。

三、淀粉的合成

通过光合作用生成的糖,在很大程度上会被转化为淀粉以供储存,这适用于豆类、谷物、薯类等农作物的种子或储存组织。淀粉的合成过程与糖原的合成过程在很大程度上是相似的,并且都需要遵循上述的步骤循环。

四、蔗糖的合成

植物体内普遍含有蔗糖,特别是在甘蔗和甜菜这两种作物中,蔗糖的含量尤为丰富。蔗糖不只是光合作用的结果,它还是高等植物的核心成分,并且是植物传输糖分的主导方式。在高等植物体内,蔗糖主要是通过蔗糖合成酶和蔗糖磷酸合成酶这两个途径来合成的。

(一)蔗糖合成酶途径

利用尿苷二磷酸葡萄糖作为葡萄糖供体与果糖合成蔗糖,尿苷二磷酸葡萄糖是葡萄糖-1-磷酸与尿苷三磷酸在 UDPG 焦磷酸化酶的催化下合成的。

(二)蔗糖磷酸合成酶途径

虽然也采用尿苷二磷酸葡萄糖作为葡萄糖的来源,但果糖是由果糖磷酸酯提供的,首先合成蔗糖磷酸酯,然后通过蔗糖磷酸酯酶进行水解以去除磷酸。

由于蔗糖磷酸合成酶具有较高的活性和平衡常数,这有助于反应的进行。蔗糖磷酸酯酶的存在量也相当大,因此通常被认为是植物合成蔗糖的第二个主要途径,而第一个途径则被认为是分解蔗糖,特别是在储存淀粉的组织中。

第五章　脂类代谢

第一节　脂类的消化、吸收及运输

一、脂类的消化

饮食中的脂质成分主要包括甘油三酯,以及少量的磷脂、胆固醇和胆固醇酯等。小肠的上部是脂肪消化的关键区域。脂质在水中是不可溶解的,它不能与消化酶进行充分的接触,也不能在水的环境中直接传输,因此它不能被直接消化和吸收。在食物中,脂质首先在十二指肠受到胆汁酸盐的影响。胆汁酸盐展现出强烈的乳化特性,它可以减少油与水之间的界面张力,使脂质乳化为微小的团块,这有助于消化酶与脂质更紧密地结合,进而实现水解。

二、脂类的吸收及吸收后的运输

脂质的消化产物主要在十二指肠的下部和空肠的上部被吸收。这种吸收主要有两种模式:一种是甘油三酯,它含有中短链脂肪酸,在经过胆汁酸盐乳化后可以被直接吸收,并在小肠黏膜细胞中分解为甘油和游离脂肪酸,然后通过门静脉进入血流;其中一种方法是将含有长链脂肪酸的甘油三酯与胆汁酸盐混合,乳化成更小的混合微团,然后被肠黏膜细胞吸收,在肠黏膜细胞中水解成可以运输的短链脂肪酸和甘油一酯,然后才能进入血液循环。这些微粒被肠道黏膜细胞分泌并进入淋巴系统,然后通过淋巴道进入血液循环,在血液中进行运输。

第二节　甘油三酯代谢

一、甘油三酯的分解代谢

(一)脂肪动员

甘油三酯的分解和代谢起始于脂肪的动员过程。脂肪动员是指脂肪细胞中储存的脂肪被脂肪酶逐渐分解为游离脂肪酸和甘油,然后释放到血液中,通过血液传输到其他组织进行氧化利用的过程。在前面提到的三种酶里,甘油三酯脂肪酶的活跃度是最低的,它是影响脂肪动员的关键酶,并且其活跃度受到多种激素的调控,因此也被称作激素敏感型甘油三酯脂肪酶。

(二)甘油的分解代谢

脂肪动员过程中会生成游离脂肪酸和甘油,并将其释放到血液中。甘油在水中溶解后,能够直接通过血液传输至肝脏、肾脏和肠道等重要组织。脂肪酸在水中是不溶解的,因此需要与特定的蛋白质结合来运输,它们主要被心脏、肝脏和骨骼肌吸收和利用。

二、甘油三酯的合成代谢

机体内脂肪的生成是通过脂肪酸分阶段地酯化磷酸甘油来完成的,而脂肪酸则是脂肪生成过程中的基础成分。根据脂肪酸在体内的来源,它们可以被分类为内源性脂肪酸和外源性脂肪酸。来自不同来源的脂肪酸在各种器官中通过不同的合成路径生成甘油三酯。因此,甘油与脂肪酸构成了合成甘油三酯的主要成分。甘油三酯的生成主要通过甘油一酯和甘油二酯这两种路径。

(一)甘油三酯的合成代用

1.合成部位

小肠黏膜细胞主要是通过消化外源性甘油三酯的产物来重新生成甘

油三酯,然后与载脂蛋白、磷脂、胆固醇等物质组合,形成乳糜微粒。这些微粒通过淋巴系统进入血液循环,从而将食物中的脂肪从消化系统传输到其他组织和器官进行利用。

脂肪组织能够分解 VLDL 和 CM 中的甘油三酯,并通过水解释放的脂肪酸进一步合成甘油三酯,同时也可以使用葡萄糖分解代谢过程中的中间产物作为原料来合成甘油三酯。

2.合成原料

合成甘油三酯所需的基本原料是甘油及脂肪酸,这二者主要来自葡萄糖的代谢。

3.合成基本过程

在生物体中,甘油三酯的生成主要通过两种路径,分别是甘油一酯路径和甘油二酯路径。不管是通过哪种方式来合成甘油三酯,其基础成分脂肪酸都需要首先被活化为脂酰 CoA,然后才能参与到甘油三酯的合成过程中。

合成甘油三酯的三分子脂肪酸既可能是同一种脂肪酸,也有可能是三种完全不同的脂肪酸。所需要的 3-磷酸甘油主要是通过糖的代谢过程来供应的。肝脏和肾脏等组织中存在甘油激酶,这种激酶可以直接通过游离甘油反应产生 3-磷酸甘油,而脂肪细胞由于缺乏甘油激酶,无法直接使用甘油来合成甘油三酯。

脂酰 CoA 转移酶是甘油三酯生成过程中的核心酶。甘油三酯的合成速率会受到多种激素的作用,例如胰岛素可以促使糖转化为脂肪,而胰高血糖素和肾上腺皮质激素则会抑制甘油三酯的生物合成过程。

(二)脂肪酸的合成代谢

根据来源的不同,人体脂肪酸可以被分类为外源性脂肪酸和内源性脂肪酸。食物的消化和吸收是外源性脂肪酸的主要来源,而机体本身则是内源性脂肪酸的合成来源。要合成内源性脂肪酸,首先需要合成软脂酸,然后再将其加工成各种类型的脂肪酸。接下来,我们将重点探讨软脂酸的生物合成流程。

1.合成部位

多种催化脂肪酸生成的酶共同构成了脂肪酸合成的酶系统,也称为脂肪酸合成酶复合体,这些复合体分布在肝脏、肾脏、大脑、肺部、乳腺以及脂肪等多个组织细胞的胞液里。这些组织都具有脂肪酸的合成能力,尤其是肝脏的合成能力最为出色,其合成能力是脂肪组织的8~9倍,因此肝脏成为人体主要的脂肪酸合成场所。脂肪组织可以利用葡萄糖代谢过程中产生的中间物质来合成脂肪酸,然而,这些脂肪组织中的脂肪酸主要是由小肠消化和吸收的外源性脂肪酸以及肝脏合成的内源性脂肪酸构成的。

2.软脂酸合成过程

在胞液中,软脂酸的生成始于乙酰 CoA 的羧化为丙二酸单酰 CoA,并在脂肪酸合酶的催化下,经历了多次的循环加成反应。在每一次循环中,都会增加两个碳原子的长度,最后形成十六碳的软脂酸。

3.软脂酸合成后的加工

软脂酸合成以后,以其为母体,通过碳链的延长、脱饱和等作用,生成不同长度、不同饱和度的脂肪酸。

上面提到的脂肪酸的合成路径主要是饱和脂肪酸,但人体内也存在不饱和脂肪酸,如亚油酸、油酸、软油酸、$\alpha-$亚麻酸和花生四烯酸等。由于动物体内含有去饱和酶,这使得棕榈油酸和油酸能够自行合成。然而,由于缺少上述的去饱和酶,亚油酸、亚麻酸和花生四烯酸无法合成,因此必须通过食物,尤其是植物油,来获取。

4.脂肪酸合成的调节

胰岛素、胰高血糖素、肾上腺素和生长素等物质都能在一定程度上调控脂肪合成的过程。胰岛素是主导脂肪酸生成的关键激素,它可以触发乙酰 CoA 羧化酶、脂肪酸合成酶系统以及 ATP—柠檬酸裂解酶的生成,从而加速脂肪酸的合成过程。胰岛素也有助于脂肪酸转化为磷脂肪酸,并促进甘油三酯的生成。胰岛素不仅可以提高脂肪组织中脂蛋白酯酶的活跃度,还能增强脂肪组织对血液中甘油三酯的吸收,并推动脂肪酸进入脂肪组织进行合成和储存。长时间的代谢活动与脂肪的动员失去了均衡，这可能会引发肥胖问题。胰高血糖素导致乙酰 CoA 羧化酶的磷酸化活性下降，从而抑制了脂肪酸的生成。胰高血糖素具有抑制甘油三酯生成的能力。肾上腺素和生长激素具有抑制乙酰 CoA 羧化酶活性的作用，并能调控脂肪酸的合成过程。

第三节　磷脂代谢

一、甘油磷脂的代谢

(一)甘油磷脂的组成结构、分类及生理功能

甘油磷脂的种类非常丰富，它是身体内一种含量特别高的磷脂。其主要成分包括甘油、脂肪酸、磷酸和含氮化合物等。

在甘油磷脂的成分中，磷脂酰胆碱的含量在体内最为丰富，其后是磷脂酰乙醇胺，这些成分占据了组织和血液中磷脂总量的超过 75%。

磷脂是一种双性化合物，它不仅包含两条疏水性的脂酰基长链，还含有极性的磷酸基团和取代基团。疏水性的脂酰基链被称为疏水尾，而极性的磷酸基团和取代基团则被称为极性头。当磷脂在水溶液中分散时，它的亲水极性头会倾向于水相，而疏水尾则会互相聚集，避免与水接触，从而形成稳定的微团或自动排列成双分子层。由于其独特的结构属性，磷脂在水和非极性溶剂中都展现出高度的溶解能力，并能与极性及非极性物质形成结合。磷脂双分子层作为生物膜的核心结构，很适合作为水溶性蛋白质与非极性脂质之间的连接纽带。

(二)甘油磷脂的合成

1.合成部位

人体全身各组织细胞的内质网均有合成甘油磷脂的酶系，其中又以肝、肾及肠等组织细胞合成能力最强。

2.合成的原料

甘油磷脂的主要合成成分涵盖了甘油、脂肪酸、磷酸盐、胆碱、丝氨酸和肌醇等成分。甘油和脂肪酸的主要来源是葡萄糖的代谢转化,而多不饱和脂肪酸是一种必须的脂肪酸,因此需要从食品(如植物油)中进行摄取。胆碱既可以通过食物来获取,也可以在身体内部进行合成。

3.合成基本过程

(1)甘油二酯途径

磷脂酰胆碱是真核生物细胞膜中磷脂含量最为丰富的一种,它在细胞增殖和分化的全过程中起着至关重要的作用。某些与肿瘤和大脑有关的疾病,例如阿兹海默症,与PC代谢的异常有着紧密的联系。

(2)CDP-甘油二酯途径

磷脂酰丝氨酸可以通过磷脂酰乙醇胺的羧化反应或其乙醇胺与丝氨酸的交换来产生。

甘油磷脂的生成过程是在内视网膜的外侧进行的。胞液中含有磷脂交换蛋白,这是一种能够促进磷脂在细胞内膜之间进行交换的蛋白质,它可以催化不同种类的磷脂在膜之间进行交换,从而将新合成的磷脂转移到不同的细胞器膜上,更新这些膜上的磷脂。II型肺泡上皮细胞有能力合成由2分子软脂酸组成的特殊磷脂酰胆碱,这种生成的二软脂酰胆碱是一种高效的乳化剂,能够减少肺泡表面的张力,从而有助于肺泡的扩张。如果新生儿的肺泡上皮细胞在合成二软脂酰胆碱时出现障碍,这可能会导致肺部不张。

二、鞘脂的代谢

(一)鞘脂的化学组成及结构

鞘脂是一种包含鞘氨醇或二氢鞘氨醇的脂质类物质。鞘氨醇或称为二氢鞘氨醇是一种氨基二元醇,它具有脂肪族的长链结构,分子内部包含一个疏水性的长链脂肪烃尾、两个羟基和一个由氨基组成的极性头部。根据取代基的种类,鞘脂可以被划分为鞘磷脂、鞘糖脂和神经鞘磷脂三个子类。其中,鞘磷脂的 X 是磷酸胆碱或磷酸乙醇胺,而鞘糖脂的 X 则是单糖基或寡糖链,它们通过 β－糖苷键与末端的羟基连接。

(二)鞘磷脂的代谢

神经鞘磷脂是人体中含量最为丰富的一种,它是由鞘氨醇、脂肪酸和磷酸胆碱组成的。鞘氨醇的氨基与脂肪酸的羧基通过酰胺键结合,形成了 N－脂酰鞘氨醇,也被称作神经酰胺。N－脂酰鞘氨醇的末端羟基与磷酸胆碱的磷酸基团是通过磷酸酯键进行连接的,从而形成了神经鞘磷脂。神经鞘磷脂是生物膜的关键组成部分,在人的红细胞膜中,神经鞘磷脂的占比可以达到 20%～30%,并且常常与卵磷脂一同存在于细胞膜的外部。神经髓鞘中富含大量的脂质成分,这些成分占据了其干重的 97%,其中卵磷脂占 11%,而神经鞘磷脂则占 5%。

1.鞘氨醇的合成

(1)合成区域:身体的各种组织细胞都可以进行合成,但脑组织细胞的合成最为活跃。内质网是鞘氨醇合成的酶系所在,而鞘氨醇的合成过程主要是在这个位置完成的。

(2)合成流程:在内质网 3－酮二氢鞘氨醇合酶和磷酸吡哆醛的催化作用下,软脂酰 CoA 与 L－丝氨酸进行脱羧和缩合反应,生成 3－酮二氢鞘氨醇,然后通过加氢还原反应进一步生成二氢鞘氨醇。所需的 H 值是由 NADPH＋H * 来提供的。

2.神经鞘磷脂的降解

分解神经鞘磷脂的酶是存在于肝、脑、脾、肾等细胞的溶酶体里的。

这种酶是磷脂酶 C 类的一种,具有水解磷酸酯键的能力,从而生成磷酸胆碱和 N－脂酰鞘氨醇。如果这种酶在出生时就缺失,那么鞘磷脂将无法被分解,并在细胞内累积,从而导致肝脏、脾脏的肿大和痴呆等相关的鞘磷脂沉积疾病。

(三)鞘糖脂的代谢

鞘糖脂是由 N－脂酰鞘氨醇的末端羟基与如葡萄糖或寡糖这样的单糖通过 6－糖苷键结合形成的脂质。鞘糖脂主要分布在细胞膜的外部,尤其是突触膜和肝细胞膜的含量最为丰富,对于维护细胞膜的稳定性起到了至关重要的作用。

鞘糖脂的分解过程是在多种糖基水解酶的催化下,通过水解来去除糖基的。如果鞘糖脂中存在寡糖链,那么需要逐一去除其中的糖基。糖基水解酶具有很高的特异性,一种糖基水解酶无法替代另一种糖基水解酶。缺乏任何一种糖基水解酶都会导致鞘糖脂无法正常分解,从而使鞘糖脂在细胞内累积,进而引发细胞功能的障碍。

第四节　血浆脂蛋白代谢

一、血脂

血脂是血浆中的一种脂质,它涵盖了甘油三酯、磷脂、胆固醇及其酯类和游离脂肪酸等成分。磷脂的主要成分包括磷脂酰胆碱(大约占70%)、神经鞘磷脂(大约占20%)以及脑磷脂(大约占10%)。血脂主要来源于两个途径,其一是外部来源的脂质,即那些从食物中摄取并通过消化过程被吸收到血液中的脂质;首先是内源性脂质,这是指由肝细胞、脂肪细胞和其他组织细胞合成并释放到血液中的脂质。血脂的波动幅度相对较大,与血糖的稳定水平相比,其波动幅度较小。通常,我们所说的血脂水平是指在空腹 12－14 小时内的血脂水平,这会受到饮食、年龄、性别、职业和代谢等多个因素的影响。

二、血浆脂蛋白的分类、组成及结构

脂质的水溶性差,必须与蛋白质、磷脂形成脂蛋白才能在血浆中转运。所以血浆脂蛋白是血脂的运输以及转运的形式。

在不同的脂蛋白中,脂质和蛋白质的种类及其浓度是有差异的,它们的物理和化学属性,如密度、颗粒尺寸、表面电荷、电泳特性、免疫特性和生理作用都存在差异。因此,脂蛋白可以被分类为各种不同的类型。通常使用电泳技术和超速离心方法来将血浆脂蛋白划分为四个不同的类别。

三、载脂蛋白

脂蛋白通常是球形的。它们通常以微小的颗粒或小泡的形态散布在血浆中。甘油三酯和胆固醇酯这两种疏水性较强的物质主要分布在脂蛋白的核心部分,而亲水的载脂蛋白、磷脂和游离胆固醇则以单分子层的形式覆盖在脂蛋白的表面,与水形成接触。这样可以让脂蛋白在血流中进行转运。

载脂蛋白拥有多种功能,包括与脂质的结合和转运、参与脂蛋白受体的识别过程,以及调控脂蛋白代谢关键酶的活性等。

第六章　氨基酸代谢

第一节　蛋白质的生理作用和营养价值

一、蛋白质的生理功能和营养的重要性

(一)蛋白质是机体基本构成成分

蛋白质参与维持组织细胞的生长、更新和修补,这是蛋白质最重要的功能。

(二)蛋白质参与体内多种重要的生理活动

在体内,许多蛋白质展现出了生物活性,例如酶、多肽激素、抗体等,以及一些以氨基酸为前体的具有生理作用的含氮代谢物,例如胺类和神经递质等,它们都参与了许多关键的生理过程和调节机制。

(三)蛋白质可以氧化供能

当体内的蛋白质被分解为氨基酸后,它们可以通过更多的代谢过程进入三羧酸循环氧化以获取能量。通常,成年人每天大约有18％的能量来源于蛋白质的分解和代谢过程,但这些能量可以被糖和脂肪所替代。因此,为蛋白质提供能量是其次级的生理作用。

二、体内蛋白质的代谢概况可以用氮平衡来描述

氮平衡描述的是生物体每天氮的摄入和排放之间的相对关系,各类蛋白质的氮含量保持稳定,平均大约是16％。蛋白质分解代谢是食物和排泄物中含氮物质的主要来源。虽然直接测量食物和体内分解代谢过程

中的蛋白质含量是一项具有挑战性的任务,但我们可以通过比较蛋白质元素中的氮含量来间接了解蛋白质的平衡关系。这可以通过测定食物和粪便中的氮含量来实现,也就是所谓的氮平衡试验。氮平衡实验被认为是评估蛋白质营养价值、所需量以及判断组织对蛋白质消耗状况的关键手段之一。

三、蛋白质的营养价值

经过测量,体重为 60 kg 的健康成年人在摄取不含蛋白质的食物时,其每日的氮排放量大约是 3.18g,这与 20g 的蛋白质相当。由于食物中的蛋白质与人体内的蛋白质成分存在差异,它们不能被完全吸收和利用。因此,为了保持蛋白质总氮的平衡,每天至少需要摄入 30～45g 的食物蛋白质。这代表了蛋白质在生理上所需的最基本量。为了确保氮的长期平衡和满足营养需求,我国的营养学会建议成人每天的蛋白质需求量达到 80g。对于儿童、怀孕超过四个月的妇女、哺乳期的妇女、恢复期患者、消耗性疾病患者以及手术后的患者,他们的蛋白质需求量应该根据体重来计算,高于正常成人,而婴儿的蛋白质需求量应该是成人的三倍。

经过实验研究,我们发现人体内存在 8 种不能自行合成的氨基酸,它们分别是亮氨酸、异亮氨酸、苏氨酸、丙氨酸、赖氨酸、甲硫氨酸、色氨酸和苯丙氨酸。这些身体所需但无法自行合成的氨基酸被定义为营养必需氨基酸。另外的 12 种氨基酸在人体内是可以合成的,并且不必依赖食物供给,这些氨基酸被称作非必需氨基酸。尽管组氨酸和精氨酸可以在体内被合成,但它们的合成量相对较少。如果长时间缺乏这些氨基酸,特别是在婴儿时期,可能会导致负氮平衡,因此有些人将它们分类为营养必需氨基酸或半必需氨基酸。

蛋白质的营养价值指的是食物中蛋白质在人体内的利用效率。所有必需的氨基酸种类都齐全,并且其数量和比例与人体组织中的蛋白质非常接近,这是因为外源性蛋白质在人体中的利用率很高,因此其营养价值也相对较高。从人体需求的角度看,动物来源的蛋白质在营养价值上超过了植物来源的蛋白质。如果混合食用营养价值相对较低的蛋白质,那么这些必需的营养氨基酸能够相互补足,从而提升食物的整体营养价值,这一过程被称为食物蛋白质的互补效应。

在处理某些消耗性疾病和重症患者的护理过程中,为了满足体内氨基酸的需求并保持患者体内的氮平衡,可以选择使用比例合适、营养价值高的混合氨基酸或营养必需氨基酸进行输液治疗。

第二节 蛋白质的消化、吸收与腐败

一、蛋白质的消化与吸收

在胃和小肠中,食物中的蛋白质通过一系列的酶催化作用被转化为小分子肽和氨基酸,这一过程被称作蛋白质的消化过程。由于食物中的蛋白质具有复杂的结构和较大的分子量,如果不进行消化处理,一方面难以被身体吸收,另一方面,未被消化的外源性蛋白质可能会被吸入体内,从而可能导致过敏等反应。食物中的蛋白质消化过程始于胃,但主要是在小肠内完成的。

(一)蛋白质在胃中的消化

食物中的蛋白质从胃部开始被消化。当食物中的蛋白质进入胃部,它们会在胃液中的胃蛋白酶的作用下,非特异性地分解成多肽和一些氨基酸。胃蛋白酶是一种由胃黏膜的主要细胞产生和释放的蛋白质分解酶。在分泌过程中没有活性,因此被称为胃蛋白酶原。在盐酸的影响下,胃蛋白酶原会释放 42 个氨基酸残基的肽,这些肽在氨基端转化为具有活性的胃蛋白酶。胃蛋白酶原也有可能通过其自身的激活机制转化为胃蛋白酶。胃蛋白酶对于肽键的特异性表现不佳。肽键主要是由芳香族氨基酸以及蛋氨酸和亮氨酸等成分组成的。由于食物在胃里的存在时间相对较短,因此蛋白质在胃里的消化过程并不是全面的。胃蛋白酶具有对乳汁中酪蛋白进行凝乳的功能,这使得乳儿胃里的乳液能够凝固成乳块,并在胃里停留的时间变得更长，从而使消化过程更为完整。

(二)蛋白质在小肠中的消化

胃里的蛋白质消化后的产物以及部分未被消化的蛋白质，在进入肠道后，受到胰液和肠黏膜细胞中的蛋白酶和肽酶的影响，会进一步被水解成氨基酸和寡肽。因此，肠道成为了蛋白质消化过程中的核心区域。

1.胰液中的蛋白酶及其作用

胰酶是蛋白质消化过程中的主要支撑。胰液里的蛋白酶主要可以被划分为两大种类，那就是内肽酶与外肽酶。内肽酶具有特异性地分解某些蛋白质内部肽键的能力，这主要涉及糜蛋白酶、胰蛋白酶以及弹性蛋白酶等种类。外肽酶主要包括羧基肽酶 A 和羧基肽酶 B，这些酶从肽链的羧基末端开始，每一次都会水解掉一个氨基酸，并且具有一定的特异性。前者主要负责水解各类中性氨基酸残基的羧基末端肽键，而后者则主要负责水解赖氨酸、精氨酸等碱性氨基酸残基的羧基末端肽键。在胰酶的催化作用下，蛋白质最终会生成氨基酸和若干寡肽。胰腺细胞最初分泌的各类蛋白酶都是无活性的酶原形态，但当它们进入十二指肠后，会被肠激酶迅速激活，转化为具有活性的蛋白水解酶。肠激酶主要分布在肠上皮细胞的刷状缘表面，它会对胰蛋白酶原进行局部水解，从而释放氨基末端的六肽，进一步活化为胰蛋白酶。

2.小肠黏膜细胞中的寡肽酶进一步水解寡肽

当蛋白质在胃液和胰液中被多种蛋白酶消化时，其生成物中只有 1/3 是氨基酸，而 2/3 是寡肽。这 2/3 寡肽的水解过程主要是在小肠黏膜细胞中完成的。小肠黏膜细胞的刷状缘和胞液中都含有寡肽酶，这些主要是氨基肽酶，它们可以从氨基端开始逐渐分解肽链，最终生成氨基酸和二肽。二肽在二肽酶的作用下转化为氨基酸，并最终将蛋白质完全水解成氨基酸。除了食物中的蛋白质，消化液和已经脱落的肠上皮细胞也富含蛋白质，其中一部分可以被分解成氨基酸并被人体吸收。

(三)氨基酸的吸收

在正常的生理条件下，仅有氨基酸以及少量的二肽和三肽能够被人体吸收。主要是通过小肠的主动转运机制进行吸收的。氨基酸主要是通过转运蛋白进行主动的转运和吸收,在小肠内主要是通过需要钠元素来消耗能量的主动转运机制来实现吸收。

二、蛋白质的腐败作用

在食物中,大约95%的蛋白质会被消化和吸收,但也有一小部分蛋白质不会被消化和吸收,这部分蛋白质在大肠的下部会被细菌分解。肠道细菌对未被消化的蛋白质或由蛋白质消化产生的物质进行无氧分解,这一过程被称作腐败作用。腐败过程能够生成胺、脂肪酸、醇、酚、吲哚、甲基吲哚、硫化氢、甲烷、氨、二氧化碳以及一些特定的维生素等化合物。腐败过程中产生的某些物质对人体有特定的营养价值,如维生素和脂肪酸等。然而,绝大部分的产物对人体是有害的,比如胺类、酚类、吲哚、硫化氢等。

(一)胺类的生成

在大肠的下部区域,未被消化的蛋白质会被细菌的蛋白酶分解,从而生成氨基酸。在细菌氨基酸脱羧酶的催化作用下,氨基酸进一步通过脱羧基生成胺类化合物,包括酪氨酸脱羧生成酪胺,色氨酸脱羧生成色胺,组氨酸脱羧生成组胺,苯丙氨酸脱羧生成苯乙胺,精氨酸和鸟氨酸脱羧生成腐胺,以及赖氨酸脱羧生成尸胺等。大部分这些腐败产物都是有毒的。

(二)氨的生成

在肠道细菌的影响下,未被吸收的氨基酸会被脱氨基并转化为氨,这成为肠道氨的主要来源之一。血液里的尿素能够进入肠道,并在肠菌脲酶的催化下被转化为氨,这也是肠道氨的另一个来源。这些氨都可以被人体吸收并进入血液,在肝脏中生成尿素。通过降低肠道内的 pH 值,有助于减缓氨元素的吸收速度。

(三)腐败作用的其他有害产物

除了氨和胺类物质,腐败还可能导致其他有害物质的生成。酪氨酸在经历脱氨基、氧化和脱羧等过程后,最终形成苯酚。酪氨酸首先可以经过脱羧反应生成酪胺,然后通过氧化等过程转化为甲苯酚和苯酚;色氨酸脱羧酶生成的色胺能够分解成吲哚以及甲基吲哚。甲基吲哚是一种有臭味的物质,它主要是通过粪便排出体外,成为粪便臭味的主要来源之一;在肠道细菌的脱硫化氢酶作用之下,半胱氨酸能够直接生成硫化氢。

除了微量的脂肪酸和维生素,绝大多数的腐败物质都对人体具有毒性。在正常情况下,上述的腐败物质大多数会通过粪便排出,只有少数会被吸收并通过肝脏代谢转化为解毒,从而不会导致中毒。

第三节 氨基酸的一般代谢

一、氨基酸一般代谢的概况

在机体中,所有细胞组织的蛋白质都在持续地进行更新。在组织蛋白酶的催化作用下,机体的各个组织中的蛋白质以每日 1%～2% 的比率被转化为氨基酸;食物来源的蛋白质在经过消化和吸收之后,会以氨基酸的方式通过血液传输到身体的各个组织进行补给,这种特定来源的氨基酸被称作外源性氨基酸。除了这些,生物体还有能力合成一些非必需的氨基酸,这些氨基酸都是来源于体内的。氨基酸在我们的体内并没有特定的组织或器官来储存,而在血液和组织中分散的游离氨基酸被称作氨基酸的代谢库。氨基酸的代谢库其实涵盖了细胞内的液体、细胞间的液体以及血液里的氨基酸。

氨基酸主要负责蛋白质的合成,同时也涉及到多肽和其他氮含量高的生理活性成分的合成。健康人的尿液中所排放的氨基酸非常稀少,身体内的氨基酸合成和分解过程都维持在一个动态的平衡状态,这有助于保持血液中氨基酸的水平稳定。当血液中的氨基酸含量超标时,一部分氨基酸可能会直接从尿液中被排出,这种情况在病理状态下较为常见。与糖和脂肪的代谢过程不同,氨基酸和蛋白质在体内是无法储存的。因此,每天摄入的多余氨基酸会在肝脏和其他组织中迅速转化,或者氧化或转化,从而形成糖和脂肪的储存。

肝脏在氨基酸的代谢过程中起着至关重要的作用。肝脏中的蛋白质更新迅速,氨基酸的代谢也非常活跃,大多数氨基酸的分解和代谢都是在肝脏内完成的,同时,氨和胺的解毒过程也主要在肝脏内进行。

二、氨基酸的脱氨分解

氨基酸的脱氨基过程是指在酶的催化作用下,氨基酸脱去氨基,生成α—酮酸和氨,这是体内氨基酸分解代谢的主要途径。这代表了氨基酸分解代谢过程的初始阶段。从数量角度分析,氨基酸的分解代谢中,脱氨基反应是最关键的。脱氨基的主要机制包括氧化脱氨基、转氨基、联合脱氨基、嘌呤核苷酸的循环以及非氧化的脱氨基过程。在所有氨基酸脱氨基过程中,联合脱氨基被认为是最主要的方法。

三、氨的代谢

(一)氨基酸脱氮基作用生成的氨

氨基酸可以通过联合脱氨基作用和其他脱氨基反应进行脱氨,首先可以脱羧基生成胺,然后再通过胺氧化酶的作用生成醛和氨。在组织内,氨基酸的分解所产生的氨成为体内氨的主导来源。当食物中的蛋白质浓度较高时,氨的产生也会相应增加。除此之外,体内某些胺类化合物的分解过程也有可能释放出氨。

(二)氨的去路

氨是一种具有毒性的化合物,所有组织产生的氨都必须迅速且无毒地通过血液传输到肝脏,以合成尿素,这大约占到了总氮排放量的80%以上。氨的一部分可以转化为谷氨酰胺,同时也能生成其他非必需的氨基酸或其他含氮化合物,而少量的氨可以直接通过尿液排出体外。

(三)氨的转运

各个组织中产生的氨要以无毒的形式经血液运输到肝,合成尿素或运至肾以铵盐的形式随尿液排出体外。氨在体内的运输主要有丙氨酸和谷氨酰胺两种形式。

1.丙氨酸－葡萄糖循环

肌肉中的蛋白质分解产生的氨基酸占据了体内氨基酸代谢的超过一半,这些氨基酸在转氨基的过程中被转给丙酮酸,形成丙氨酸,然后丙氨酸通过血液传输到肝脏。在肝细胞内,丙氨酸是通过与脱氨基反应联合来去除氨,进而用于尿素合成的。由转氨基产生的丙酮酸被用作糖的异生原料,进而用于葡萄糖的合成过程。血液将葡萄糖传输至肝脏,在那里葡萄糖经过分解代谢产生丙酮酸,而丙酮酸随后会被氨基转化为丙氨酸。丙氨酸和葡萄糖通过丙酮酸这一中间物质,在肌肉与肝脏间进行氨气的循环转运,因此这个代谢过程被命名为丙氨酸－葡萄糖循环。在这一循环过程中,肌肉里的氨被安全地传输到肝脏,而肝脏又为肌肉供应了产生葡萄糖所需的丙酮酸原料。

2.谷氨酰胺的运氨作用

谷氨酰胺是氨的另一种传输方式,它主要是通过大脑、肌肉等组织将氨传输到肝脏或肾脏。在谷氨酰胺合成酶的催化作用下,谷氨酸和氨被转化为谷氨酰胺,并通过血液传输至肝脏或肾脏,然后通过谷氨酰胺酶进行水解,最终生成谷氨酸和氨。值得一提的是,谷氨酰胺的生成和分解是一个由多种酶催化的不可逆过程,而这一过程需要 ATP 的参与。谷氨酰胺可以被看作是氨的解毒产物,它不仅是氨的存储和运输方式,还是尿氨的主要来源。谷氨酰胺在大脑内对氨的固定和转运过程中发挥着极其关键的角色。谷氨酰胺是无毒的,它可以在脑组织中转化为谷氨酰胺,并以谷氨酰胺的方式传输到大脑之外,因此,合成谷氨酰胺成为了脑组织中主要的解氨途径。在临床实践中,氨中毒的病人可以选择摄入或注入谷氨酸盐,目的是降低氨的浓度,从而实现解毒效果。

(四)尿素的生成

在正常情况下,体内代谢生成的氨主要是通过肝脏合成尿素来进行解毒,而少数氨则是通过肾脏以铵盐的方式随尿液排出体外。在正常情况下,尿素在总排氮量中占据了 80% 至 90% 的比例。

1. 瓜氨酸的合成

在线粒体中的鸟氨酸氨基甲酰转移酶催化下,氨基甲酰磷酸与鸟氨酸缩合生成瓜氨酸,此反应需生物素参加。

2. 精氨酸的合成

从瓜氨酸到精氨酸的转化过程是分两个阶段完成的。首先,在线粒体内合成的瓜氨酸会穿越线粒体膜进入胞液,然后在胞液中的精氨酸代琥珀酸合成酶的催化作用下,与天冬氨酸进行缩合,生成精氨酸代琥珀酸,这个过程会消耗能量。随后,通过使用精氨酸代替琥珀酸裂解酶进行裂解,生成了精氨酸和延胡索酸。

3. 精氨酸水解及尿素的生成

在肝细胞内,精氨酸酶起到了催化作用,使精氨酸分解为尿素和鸟氨酸。新生成的鸟氨酸能够通过经线粒体膜上的特定转运系统进入到线粒体中,这一过程需要重复进行。

在尿素分子里,有两个氮原子,一个源于氨,而另一个则来自天冬氨酸,天冬氨酸还能通过其他的转氨基反应来形成。此外,尿素合成是一个消耗能量的过程,要合成一个尿素分子需要用到四个高能磷酸键。

4. 尿素合成的调节

在正常的生理状态下,生物体会以适当的速率合成尿素,确保氨毒得到及时和充分的消除。尿素的合成速率可以受到多个变量的影响和调整。以下是主要的影响要素。

第四节 个别氨基酸代谢

一、氨基酸的脱羧基反应

除了常规的代谢途径,氨基酸还可能因为其不同的侧链结构而拥有独特的代谢路径。例如,脱羧基的化学反应与体内众多的重氮化合物的形成密切相关。这种反应是由氨基酸脱羧酶来催化的,而其辅酶则是磷酸吡哆醛。

(一)组胺

在组氨酸脱羧酶的催化作用下,组氨酸去除了羧基,从而形成了组胺。组胺主要是由肥大细胞生成和储存的,它在体内有广泛的分布,作为一种强效的血管舒张剂,它可以提高毛细血管的透性,从而导致局部的水肿和血压降低;此外,它还能激发胃黏膜细胞产生胃蛋白酶和胃酸。这种物质经常被用作研究胃功能的工具。

(二)多胺

多胺是一种由某些氨基酸经过脱硅反应生成的化合物,其中包含多个氨基。例如,鸟氨酸脱羧酶能够催化鸟氨酸脱羧,从而生成腐胺;只需在腐胺分子上添加一个丙胺基,就能生成精;只需在精胺分子上添加一个丙胺基,就能形成精胺。鸟氨酸脱羧酶在多胺的合成过程中起到了关键和限速的作用。精脉与精胺在细胞内起到了关键的代谢调节作用。经过实验研究,我们发现对于生长健壮的组织,例如胚胎、再生肝、肿瘤组织或动物,在给予生长激素后,其鸟氨酸脱羧酶的活跃度和多胺的含量都有所上升。

二、含硫氨基酸的代谢

在人体内,存在三种富含硫的氨基酸,分别是甲硫氨酸、半胱氨酸以及胱氨酸。这三个氨基酸的代谢过程是互相关联的。半胱氨酸与胱氨酸能够进行互相转化,其中甲硫氨酸能够被转化为半胱氨酸和胱氨酸。然而,半胱氨酸和胱氨酸无法转化为甲硫氨酸,因此甲硫氨酸被认为是一种必需的氨基酸。

三、芳香族氨基酸的代谢

芳香族氨基酸包括苯丙氨酸、酪氨酸和色氨酸。苯丙氨酸在结构上与酪氨酸相似。可转化成酪氨酸。

（1）在正常的生理条件下，苯丙氨酸在苯丙氨酸羟化酶的催化作用下会被羟化并转化为酪氨酸。苯丙氨酸羟化酶属于单加氧酶类别，而它的辅助酶则是四氢生物嘌呤。这种酶所催化的化学反应是不可逆的，因此酪氨酸无法产生苯丙氨酸。酪氨酸经过苯环的再羟化过程，形成了多巴。多巴脱羧酶起到了将多巴转化为多巴胺的催化作用，而多巴胺在大脑中是一种重要的神经递质，帕金森病的发病原因正是多巴胺的生成减少。肾上腺中的多巴胺经过羟化作用转化为去甲肾上腺素，而去甲肾上腺素在 N-甲基转移酶的作用下，从 SAM 获取甲基并转化为肾上腺素。多巴胺、肾上腺素以及去甲肾上腺素都被统称为儿茶酚胺。

（2）多巴胺作为制造黑色素的主要成分，在白化病患者中由于缺少酪氨酸酶，导致黑色素的生成受阻，从而使皮肤和毛发变得发白。

（3）富含酪氨酸的甲状腺球蛋白是合成甲状腺素的关键成分。酪氨酸有能力在甲状腺进行碘化反应，从而生成甲状腺素。

（4）此外，酪氨酸在酪氨酸转氨酶的催化作用下，能够产生对羟苯丙酮酸，接着经过氧化脱羧反应生成尿黑酸，并在尿黑酸酶的催化下逐渐转变为延胡索酸和乙酰乙酸。

在苯丙氨酸羟化酶存在先天性缺陷的情况下，体内的苯丙氨酸无法正常转化为酪氨酸并累积，然后通过转氨酶的作用转化为苯丙酮酸，从而导致苯丙酮酸尿症的出现。苯丙酮酸在体内的累积会对中枢神经系统产生有害影响，从而引发儿童智力发展的障碍。为患有苯丙酮酸尿症的儿童提供低苯丙氨酸的食物可以有效缓解其伴随的神经发育延迟。

第七章 生物化学实验的原理和技术

第一节 生物大分子制备技术

一、材料的选择和预处理

(一)生物材料的选择

在制造生物大分子之前,首要任务是挑选合适的生物材料。这些材料主要来源于动物、植物、微生物以及它们的代谢物。从农工业生产的视角来看,选择材料时应优先考虑高含量、丰富来源、简易制备工艺和低成本的原料。然而,这几个方面的要求往往不能同时满足,比如高含量但来源困难,或者高含量来源较为理想,但材料的分离和纯化过程却相当繁琐和繁琐。相反,选择低含量但容易获得纯品的材料会更有优势。因此,在选择材料时,必须根据具体的生产环境和主要矛盾来做出决策。如果从科学研究的视角来选择材料,只需确保所选材料满足实验设定的目标和要求。在选择材料时,我们还需要考虑到植物的季节性、所处的地理位置以及它们的生长环境等因素。在选择动物样本时,我们需要考虑它们的年纪、性别、营养状态、遗传特点以及生理状况等因素。当动物处于饥饿状态时,其脂肪和糖的含量会有所下降,这有助于生物大分子的有效提取和分离。在选择微生物材料的过程中,我们需要特别关注菌种的代数与培养基成分之间的区别。例如,在微生物的对数阶段,如果酶和核酸的含量相对较高,那么可以实现更高的产量。

(二)材料的预处理

在选择材料后,应尽量确保其新鲜度,并迅速进行加工处理。动物组织应首先去除其结缔组织、脂肪等非活跃部分,然后进行绞碎,并在合适的溶剂中进行提取。如果需要的成分位于细胞内,那么应首先将细胞破碎。植物在生长前需要先剥去外壳和脂肪。在使用微生物材料时,应确保菌体与发酵液能够及时分离。如果生物材料暂时不进行提取,那么应当将其冷冻储存。对于动物所用的材料,需要进行深度的冷冻储存。

二、细胞的破碎及细胞器的分离

(一)细胞的破碎

细胞构成了生物体在结构和功能方面的基础单元。对于真核生物来说,细胞不仅包括细胞膜、细胞质和细胞核,还涵盖了线粒体、质体等多种细胞器。人们通常需要的某些物质会被分泌到细胞之外,并可以通过合适的溶剂直接进行提取;其中一些存在于细胞内部,在提取过程中,必须确保细胞被打碎,以便生物大分子能够充分地释放到溶液里。无论是不同的生物体还是同一生物体的不同组织,它们的细胞破碎的难度和使用方式都存在差异。对于动物的胰脏、肝脏和脑组织,它们通常是柔软的,只需使用常规的匀浆器进行研磨;由于肌肉和心脏组织具有一定的韧性,因此需要先将其绞碎,然后进行均匀搅拌。对于植物的肉质组织,常规的研磨方法是可行的,而那些纤维含量较高的组织则需要在高速的捣碎器中进行破碎或加入砂子进行研磨。众多的微生物都拥有坚固的细胞壁,它们通常通过自溶、冷热交替、加砂研磨、超声波和加压处理等技术来破碎这些细胞。

1.机械法

机械法是主要通过机械切力的作用使组织细胞破碎的方法,常用的器械有:

(1)高速组织捣碎机

适宜于动物内脏组织、植物肉质种子、叶和芽等材料的破碎。

(2)玻璃匀浆器

这是由一个内壁经过磨砂处理的玻璃管和一根端部呈球形(其表面

也经过磨砂处理)的杆子构成的。在操作过程中,首先需要将被绞碎的组织放入管内,然后插入研杆进行手工往复研磨,或者将研杆安装在电动搅拌器上,用手紧握玻璃管进行上下移动,这样就可以将组织细胞粉碎了。匀浆器中的内杆球体与管壁之间的距离通常仅为极小的几毫米,其细胞的破碎程度超过了高速的组织破碎器,而机械切力对生物大分子的破坏则相对较少。这适合于数量较少的动物器官和组织。

（3）研钵

常用研钵研磨。细菌及植物材料应用较多,加入少量的玻璃砂效果较好。

2. 物理法

（1）反复冻融法

把待破碎样品放至 -20℃以下冰冻,室温融解,反复几次大部分动物性的细胞及细胞内的颗粒可被破碎。

（2）冷热交替法

当从细菌或病毒中分离出蛋白质和核酸时,这种方法是可行的。在操作过程中,需要将材料放入沸腾的水中,保持几分钟,然后立刻放入冰浴中让其迅速冷却,这样大多数细胞就会被破坏。

（3）超声波处理法

这种方法主要应用于微生物相关材料,其处理成果与样本的浓度以及使用的频次密切相关。在制备各类酶的过程中,通常会选用质量浓度在 $50\sim100$mg/mL 范围内的大肠杆菌,并在 $10\sim100$kHz 的频率范围内处理 $10\sim15$ 分钟。在进行超声波处理的过程中,应特别注意防止溶液中出现气泡,并谨慎使用对超声波高度敏感的核酸和酶。

（4）加压破碎法

加气压或水压使每平方英寸达 $3\sim5$MPa 压力时,可使 90% 以上细胞被压碎,此法多用于工业上微生物酶制剂的制备。

3. 化学及生物化学法

（1）自溶法

在特定的 pH 值和适宜的温度条件下,将需要破碎的新鲜生物材料储存起来,并借助组织细胞内部的酶活性来破坏这些细胞,从而释放细胞内的物质。在自溶过程中,动物材料通常选择 0～4℃ 的温度范围,而微生物材料则更倾向于在常温条件下进行。在自溶过程中,为了避免外部细菌的污染,需要添加少量的防腐剂,例如甲苯和氯仿。由于自溶过程所需的时间相对较长,并且难以进行精确控制,因此在制造活性核酸或蛋白质方面的应用相对较少。

(2)溶菌酶处理

溶菌酶拥有特定的能力来破坏细菌的细胞壁,它对多种微生物都是适用的,此外,蜗牛酶和纤维素酶也经常被选择作为破坏细菌和植物细胞的工具。

(3)表面活性剂处理法

常见的化合物包括十二烷基硫酸钠、氯化十二烷基吡啶和去氧胆酸钠等。

不论是采用哪种方式来破碎组织细胞,都需要在特定的稀盐溶液或缓冲溶液中完成,并且通常还需要添加特定的保护剂,以避免生物大分子发生变性和降解。

(二)细胞器的分离

不同种类的生物大分子在细胞中的存在方式各不相同,其中 DNA 主要集中在细胞核,而 RNA 则主要存在于胞浆中,此外,各种酶在细胞内也有其特定的位置分布。因此,在选择材料时,应依据目标物质所处的具体位置。

为了分离细胞器,人们通常使用差速离心法,这种方法是基于细胞各部分的质量差异,使其在离心管内的不同位置沉积,从而分离出所需的组分。在细胞器的分离过程中,经常使用的介质包括蔗糖、Ficoll(一种蔗糖多聚体)或是葡萄糖和聚乙二醇的溶液。

三、生物大分子的提取和分离纯化

(一)蛋白质和酶的提取及分离纯化

用于制备生物大分子的分离和纯化技术有很多种,它们主要依赖于分子间的特定差异,例如分子的尺寸、形态、酸碱平衡、溶解能力、溶解性、极性、电荷以及与其他分子的亲和性等特点。各种技术方法的核心思想大致可以分为两大类:首先是利用混合物中的某些组分分配系数的不同,将它们分散到两个或更多的相中,例如盐析、有机溶剂沉淀、层析和结晶等过程;第二种方法是将混合物放入特定的物相(主要是液态)中,利用物理力场的影响,将各个成分分散到不同的位置,从而实现如电泳、离心和超滤等分离技术。目前,纯化生物大分子如蛋白质的核心技术包括电泳、层析以及高速和超速的离心过程。

影响提取过程的主要因素包括:目标产物在所提取溶剂中的溶解度大小;从固态物质向液态物质的扩散过程具有一定的难度;溶剂的 pH 值以及提取所需的时间等因素。一个物质在特定溶剂中的溶解度与其分子构造以及所用溶剂的物理和化学特性密切相关。通常情况下,极性物质容易溶解在极性溶剂中,而非极性物质则更容易溶解在非极性溶剂中;碱性物质在酸性溶剂中容易溶解,而酸性物质在碱性溶剂中也容易溶解;随着温度的上升,其溶解能力也随之增强;当 pH 值远离等电点时,溶解度会有所上升。在提取过程中,选择的条件应当有助于提高目标产物的溶解度并维持其生物活性。

1.水溶液提取

提取蛋白质和酶的主要方法是使用水溶液。稀盐溶液和缓冲系统的水溶液对蛋白质具有很好的稳定性和高溶解度,因此是提取蛋白质和酶的最常用溶剂。在使用水溶液来提取生物大分子时,有几个关键的影响因素需要特别注意。

(1)盐浓度(即离子强度)

生物大分子的溶解度在很大程度上受到离子强度的影响。例如,DNA-蛋白复合物在高离子强度下的溶解度会增加,而 RNA-蛋白复合物在低离子强度下的溶解度会增加,但在高离子强度下溶解度会减少。在低离子浓度的溶液中,大部分的蛋白质和酶都展现出了较高的溶解能力。例如,当在纯水中加入微量的中性盐时,蛋白质的溶解能力明显超过纯水,这种现象被称为"盐溶。当中性盐的浓度上升到某一特定水平,蛋白质的溶解能力会逐步减弱,最终导致沉淀形成,这一过程被称作"盐析。

(2)pH

蛋白质、酶和核酸的溶解能力及其稳定性与 pH 值密切相关。无论是过酸还是过碱,我们都应该尽量避免使用。提取时的溶剂 pH 值应保持在蛋白质和酶的稳定区间内,并通常选择远离等电点的两边。为了提高蛋白质的溶解性和提取效率,碱性蛋白质被选择在偏酸的一侧,而酸性蛋白质则被选在偏碱的一侧。以胰蛋白酶为例,它是一种碱性蛋白,通常通过稀酸进行提取;而对于肌肉甘油醛-3-磷酸脱氢酶,它是酸性蛋白,通常使用稀碱进行提取。

(3)温度

为了避免变性和降解,我们制备了活性蛋白质和酶,并在提取过程中通常采用 0~5℃ 的低温条件。然而,一些对温度有较强耐受性的蛋白质和酶,可以通过提高温度来使杂蛋白发生变性,这对于后续的提取和纯化过程是有益的。

(4)防止蛋白酶或核酸酶的降解作用

在进行蛋白质、酶和核酸的提取过程中,由于自身携带的蛋白酶或核酸酶的分解作用,实验往往会遭遇失败。为了避免这种情况的出现,通常会通过添加抑制剂或调整提取液的 pH 值、离子浓度或极性等手段,使水解酶失去其活性,从而防止它们对需要提纯的蛋白质、酶和核酸进行降解。

(5)搅拌与氧化

搅拌可以加速提取物的溶解过程,通常建议使用温和的搅拌方法,因为过快的搅拌速度可能会产生大量的泡沫,这会增加与空气的接触面积,并可能导致酶等物质的变性和失活。通常的蛋白质中含有大量的巯基,其中一些巯基是活性部分的关键组成部分。如果提取液中存在氧化剂或与空气中的氧气有过多的接触,巯基可能会转化为分子内或分子间的二硫键,从而导致酶的活性下降。为了避免巯基氧化,我们在提取液中加入了微量的巯基乙醇或半胱氨酸。

2.有机溶剂提取

某些与脂质有较强结合或分子内非极性侧链较多的蛋白和酶在水、

稀盐、稀酸或稀碱中的溶解性较差,因此经常使用不同比例的有机溶剂进行提取。常见的有机溶剂包括乙醇、丙酮、异丙醇和正丁酮等,这些溶剂不仅可以与水进行互溶或仅部分互溶,还具备良好的亲水性和亲脂性。因此,它们常被用于提取与脂质结合紧密或含有大量非极性侧链的蛋白质、酶和脂质。例如,在植物种子中,玉蜀黍蛋白和高品质蛋白通常使用70%～80%的乙醇进行提取,而在动物组织中,线粒体和微粒上的某些酶则常用丁醇进行提取。

(二)核酸的提取和分离纯化

1.核酸的提取

核酸在水中是溶解的,但在有机溶剂中是不溶解的,我们可以利用这一特性来提取它。在细胞内,DNA 和蛋白质结合生成脱氧核糖核蛋白,而 RNA 与蛋白质结合生成核糖核蛋白。在不同浓度的盐溶液中,这两种物质的溶解度存在显著差异。

在核酸分离过程中,最具挑战性的步骤是将核酸与紧密相连的蛋白质进行分离,同时还需防止核酸的进一步降解。通常使用的解离剂包括阴离子去垢剂。这些解离剂具有溶解病毒和细菌的能力,能够使核酸从蛋白质中分离出来,并且还能抑制核糖核酸酶的活性。为了从核酸中去除蛋白质,一个行之有效的方法是使用酚与氯仿的混合液。这种混合液可以导致蛋白质发生变性,并对核糖核酸酶产生抑制效果。另外,氯仿的高相对密度可以确保有机相与水相的完全分离,从而减少水中残留的酚。当使用酚—氯仿来提取核酸提取液时,还需进行剧烈的摇晃。为了避免产生气泡并促进水与有机相的分离,可以在酚—氯仿抽提液中加入特定量的异戊醇。

2.核酸的纯化

在核酸纯化过程中,去除蛋白质是至关重要的一步,通常只需使用酚—氯仿或氯仿来提取核酸的水溶液。在需要对 DNA 克隆过程中的某一环节所使用的酶进行灭活或移除以备后续操作时,这种抽提方法是可行的。但是,要从细胞裂解液或其他复杂的分子混合物中提取核酸,首先需要使用特定的蛋白水解酶来消化大量的蛋白质,然后再采用有机溶剂进行提取。这类广谱蛋白酶,如链霉蛋白酶和蛋白酶 K 等,对大部分的天然蛋白都显示出活性。

3. 核酸的浓缩

乙醇沉淀法是应用最为广泛的核酸浓缩技术。在单价阳离子浓度为中等的情况下,当加入特定量的乙醇时,生成的核酸沉淀可以通过离心方法进行回收。回收得到的核酸可以根据需要的浓度,在合适的缓冲液中溶解。在具体的操作过程中,可以在含有样品的小型离心管里加入单价阳离子盐作为贮存液。在选择单价阳离子盐时,我们主要考虑以下因素:使用醋酸铵可以降低 dNTP 的共沉淀,但在未来进行核酸磷酸化时,应避免使用醋酸铵,因为铵离子对多核苷酸激酶具有强烈的抑制作用。

4. DNA、RNA 的定量

采用紫外分光光度法是一个精确的手段。然而,这种方法强调核酸样本的纯净性,确保其中不包含蛋白质、酚、琼脂糖或其他如核酸、核苷酸的污染成分。

四、样品的浓缩、保存及纯度鉴定

(一)样品的浓缩

通常情况下,抽提液的体积都相对较大,因此应当首先进行浓缩处理。以下是几种常见的浓缩技术。

1. 沉淀法

向抽提液中加入适当量的中性盐或有机溶剂,可以将有效成分转化为沉淀物。通过离心或过滤方式收集的沉淀物,在加入少量缓冲液后进行溶解,然后通过离心去除不溶解的物质,得到的上清液可以通过透析或凝胶过滤进行脱盐,从而可以用于纯化。

2. 吸附法

通过使用吸收剂,我们可以直接吸取并去除溶液中的分子,从而实现其浓缩。所采用的吸收剂必须避免与溶液发生化学作用,不能吸附生物大分子,并且容易与溶液分离。常见的吸收材料包括聚乙二醇、聚维酮、蔗糖以及凝胶等。当聚乙二醇被水完全饱和时,可以更换新的溶液,直到达到所需的体积。

3.超过滤法

将抽提液倒入一个高于滤装置的容器中,在空气或氮气的压力作用下,让小分子物质(包括水分)通过半透膜(例如硝酸纤维素膜),而大分子物质则留在膜的内部。

(二)干燥

干燥过程涉及到从湿润的固体、半固体或浓缩液中蒸发掉水分或溶剂。在制备生物大分子所需产品之后,为了避免其变质并便于储存和运输,通常需要进行干燥处理。冷冻干燥和真空干燥是最常用的方法,而一些无活性的核酸、微生物酶制剂和酪蛋白等工业产品则更多地采用喷雾干燥、气流干燥等直接干燥方法。

1.真空干燥

当温度保持不变时,由于周边空气压力的降低,干燥物质中的水分或溶剂的蒸发速率会加快。真空度越高,溶液的沸点就越低,蒸发速度也就越快,这一原理与真空浓缩(也可称为减压浓缩)是一致的。真空干燥技术特别适用于对高温敏感和容易氧化的物质进行干燥和储存,该设备主要由干燥器、冷凝器和真空泵三个部分组成。干燥器的顶端连接了一个带有活塞的管道,该管道与冷凝器相连。经过汽化处理的蒸汽通过冷凝管凝结,而冷凝器的另一端则连接到真空泵。干燥器内部通常会放置如五氧化二磷、无水氯化钙等干燥剂,以方便样本的干燥和保存。

2.冷冻真空干燥

在冷冻真空干燥过程中,除了采用真空干燥的基本原理,还引入了温度的影响。当压力保持不变时,随着温度的降低,水蒸气的压力也会减少,因此在较低的温度和压力条件下,冰容易转化为气态。在操作过程中,通常首先要将待干燥的液体冷冻至冰点以下,使其转化为固态,接着在低温和低压条件下将溶剂转化为气态并移除。采用这种方法干燥后得到的产品不仅结构疏松、溶解性强,还能保持其天然的形态,非常适合用于各种生物大分子的干燥和保存。

3.喷雾干燥

喷雾干燥技术是一种将液态物质通过喷射装置转化为雾滴,然后与干燥介质(通常是热空气)进行直接接触以达到干燥效果的方法。当液体转化为雾滴时,它们的直径通常仅为 $1\sim200\mu m$,与热空气的接触面积较大,导致水分迅速蒸发。在温度为100℃的高温空气环境中,干燥过程仅需不足一秒钟。由于干燥过程时间较短以及水分在蒸发过程中会吸收热量,这导致液滴及其周围的空气温度相对较低,因此在工业应用中,常用于干燥微生物酶制剂和某些生化产品。

(三)保存

生物大分子的存储方法主要可以划分为干固态和液态两大类。在储存过程中,应确保不长时间暴露在空气中,以免受到微生物的污染,并要特别注意在低温环境下的保存。

1.干态储藏

干燥后的产品通常相对稳定,如果产品的水分含量极低,那么在低温环境中,生物大分子的活性可能在几个月乃至几年内保持不变。存储方法相当直接,只需将干燥过的样本放入装有干燥剂的干燥器中进行密封,并存放在0~4℃的冰箱里。在某些情况下,为了确保取样的便捷性并防止样品在取样过程中被吸水或污染,我们可以先将其分装到多个小瓶里,每次使用时,只需取出其中一个小瓶。

2.液态储藏

液态存储的一个明显优势是减少了干燥过程,从而降低了生物大分子的生理活跃性和结构损伤,但其不足之处在于需要更为严格的防腐手段,并且存储期限不应过长。当样本量较大时,包装和运输过程可能会变得不太便捷。关于液态储存,以下是一些需要注意的事项:

(1)样本的浓度不宜过低,只有在达到特定浓度后才能进行封装和储存,否则可能导致生物大分子发生变性。

(2)通常需要添加各种防腐剂和稳定剂,其中常见的防腐剂包括甲苯、苯甲酸、氯仿和百里酚等。在蛋白质和酶的稳定过程中,常用的稳定剂包括硫酸铵、蔗糖和甘油等。为了增强酶的稳定性,还可以添加底物和辅酶。此外,钙、锌、硼酸等盐溶液也能对某些酶起到一定的保护效果。核酸的大分子通常被储存在氯化钠或柠檬酸与氯化钠共同构成的标准缓冲溶液里。

(3)存储时的温度要求相对较低,大部分可以在大约0℃的温度下存放在冰箱中,而有些则需要更低的温度。

(四)纯度鉴定

用于分析和测定的技术主要分为两大类别:一是生物学方法,二是物理和化学的测定手段。在生物学领域,主要的测定方法包括酶的多种测定技术、蛋白质含量的多种测定方式、免疫化学的检测手段以及放射性同位素的示踪技术等;在物理和化学方面,主要采用的方法包括比色法、气相色谱与液相色谱法、光谱法(包括紫外/可见光谱、红外光谱和荧光分光光度法)、电泳技术以及核磁共振技术等。

对于生物大分子制备物的均质性(也就是纯度)鉴定,仅仅依赖一种方法是不足够的,需要同时使用2～3种不同的纯度鉴定方法来确定。对于蛋白质和酶制剂成品的纯度鉴定,最普遍采用的技术是SDS聚丙烯酰胺凝胶电泳和等电聚焦电泳。如果能够结合高效液相色谱(HPLC)和毛细管电泳(CE)进行进一步的鉴定,那么效果会更为理想。在必要的情况下,还可以进行N-末端氨基酸残基的分析鉴定。而过去常用的溶解度法和高速离心沉降法,现在已经很少被采用。为了鉴定核酸的纯度,常用的方法包括琼脂糖凝胶电泳和聚丙烯酰胺凝胶电泳。

五、生化实验样品制备

在进行生物化学实验时,无论是要分析组织内各种物质的浓度,还是要研究组织内物质的代谢过程,都需要使用特定的生物样本。鉴于实验的特定需求,通常需要对收集到的样本进行适当的预处理,掌握这类实验样本的适当处理和制备技术是进行生化实验的基础条件。

在基本的生化试验中,最常被采用的人体或动物样本包括全血、血清、血浆和无蛋白的血滤液。在某些情况下，我们也会使用尿液作为实验材料，而对于组织样本，我们通常会选择肝、肾、胰、胃黏膜或肌肉等组织来制作组织糜、组织匀浆、组织切片或组织浸出液等，这些都是为了满足各种生化实验的需求。

接下来，我将简洁地介绍这些样本的制作过程。

(一)血液样品

1.全血

在采集动物或人体的血液时，我们既要确保仪器保持清洁和干燥，同时也需要及时添加合适的抗凝剂，以避免血液发生凝固。通常，当血液被取出后，应迅速将其放入含有抗凝剂的试管中，并轻轻摇晃以确保血液与抗凝剂完全混合，防止形成凝固的小块。如果不立刻对收集到的全血进行试验，建议将其存放在冰箱里。

根据实验的具体需求，常见的抗凝剂包括草酸盐、柠檬酸盐、氟化钠和肝素等。通常，使用经济实惠的草酸盐是可行的，但在血钙测定中并不合适。氟化钠可以作为血糖测定的优质抗凝剂，因为它同时具有抑制糖酵解的功能，防止血糖进一步分解。然而，氟化钠也具有抑制脲酶活性的作用，因此在用服酶来测定尿素含量时是不适用的。尽管肝素的效果相当不错，但由于其高昂的价格，目前还不适合广泛使用。

2.血浆

上述抗凝全血在离心机中离心，则血球下沉，上清液即为血浆。如需应用血浆分析，必须严格防止溶血。故要求采取血液时所需的一切用具（注射器、针头、试管等）皆需清洁干燥，取出血液也不能剧烈振摇。

3.血清

所收集的血液在没有添加抗凝剂的情况下，在常温环境下大约5～20分钟内会自然凝固，通常在3小时后血块会收缩并分离出血清。为了加速血清的分离过程，在必要的情况下，可以采用离心分离方法，这不仅可以缩短分离时间，还能获得更多的血清样本。

在制备血清的过程中,需要注意防止溶血现象的发生。一方面,仪器需要保持干燥状态;另一方面,血块在收缩后应及时分离出血清,因为如果存放时间过长,血块中的血球也有可能发生溶血。

4.无蛋白血滤液

在进行许多生化分析时,为了避免蛋白质的影响,通常会先让其中的蛋白质沉淀,然后再进行去除。在对血液中的多种成分进行分析时,通常会去除其中的蛋白质,并将其转化为无蛋白的血滤液。在测定血液中的非蛋白氮、尿酸和肌酸等成分时,首先需要将血液转化为无蛋白的血滤液,然后再进行详细的分析和测定。如钨酸、三氯醋酸或氢氧化锌这些蛋白质沉淀剂都可以用于生产无蛋白的血滤液,并可以根据具体需求进行选择。

(二)尿液样品

通常,定性实验只需要收集尿液一次,但由于食物、饮水和一天一夜的生理变化等因素的影响,每天排出的尿液成分会有很大的差异。因此,为了定量测量尿液中的各种成分,应该收集 24 小时尿液混合后进行取样。一般情况下,人们会在早上的特定时段排尿并丢弃。之后,每一次的尿液都会被收集到清洁的大玻瓶里。到了第二天的早晨,只需在同一时刻收集最后一次的尿液,然后立即进行混合,并用筒测量其体积。

(三)组织样品

在适当的温度和 pH 值等环境条件下,离体较短的组织能够进行某种程度的物质代谢活动。因此,在进行生物化学实验时,通常会使用离体组织来研究各种物质的代谢途径和酶系的功能,也可以从组织中提取各种代谢物质或酶来进行研究。然而,当各种组织和器官长时间离体后,它们都会经历某种变化。比如,在组织里,有些酶在长时间放置后可能会发生变性,从而失去活性。某些组织成分,例如糖原和ATP,在动物死亡后的几分钟到十几分钟内,其含量会显著下降。因此,在使用离体组织进行代谢研究或作为提取材料时,必须立即将其取出,并迅速进行提取或测定。实验通常是通过断头法对动物进行处死,然后释放其血液。接着,迅速取出实验所需的器官或组织,去除外部的脂肪和结缔组织,并用冷生理盐水清洗掉血液。如有需要,也可以用冷生理盐水灌注脏器以清洗血液,最后用滤纸吸干,这样就可以用于实验了。从体内取出的器官或组织,可以根据各自的需求,采用不同的技术来制备各种组织样本。

第二节　离心技术

一、基本原理

(一)相对离心力

离心力描述的是物体在进行圆周运动时产生的一种力量,这种力量可以使物体从圆周运动的中心位置分离出来。

(二)沉降系数

在单位离心场的影响下,颗粒沉降的速率被称为沉降系数,这代表了经过单位离心场所所需的时长,用 S 来表示。在生物化学和分子生物学领域,未知质量的细胞器、亚细胞器和生物高分子通常使用 S 值来大致描述其尺寸,例如,原核生物核糖体通常包含 30S 和 50S 亚基。

二、离心机的类型和使用方法

离心机是利用离心力对混合液(含有固形物)进行分离和沉淀的一种专用仪器。

(一)离心机的分类

依据各种不同的分类准则,离心机可以被划分为多个不同的种类。基于其容量,离心机可以被分类为:微量离心机、小容量离心机、大容量离心机以及超大容量离心机;根据冷冻的存在与否,离心机可以被分类为:冷冻离心机和常温离心机;离心机可以根据其转速的高低被划分为三个不同的类别。

1.普通离心机

普通离心机，也被称为低速离心机，其最大的额定转速通常是6 000r/min，而其相对离心力的最大值可以达到5 000g～6 000g，并且是可以连续调节的。这种离心机具有小巧的体积、轻便的重量、较大的容量，并能自动调节其工作时长，虽然操作简便，但转速的控制并不严格。该方法适用于医院的化验室和生物化学与分子生物学实验室，用于进行血浆、血清、尿素以及疫苗的定性分析和制备工作。此外，还存在如水平型桶式低速离心机、大型立式低速离心机以及配备冷冻系统的大型低速离心机等设备。这种类型的离心机通常被应用于样本的初步分离和制备过程中。在生物制品的制造过程中，大型冷冻离心机不仅可以直接分离最终的产品，还可以用于瓶装和袋装样本的离心，这为实验室中大量样本的分离创造了有利条件。

2.高速离心机

高速离心机的转速范围在20 000～25 000r/min之间，其最大的相对离心力可以达到45 000g。因为转速较高，通常会配备冷冻温控设备。该工具适用于分离、浓缩、提取和纯化生物细胞、病毒、微生物菌体、细胞碎片、大细胞器、硫酸铵沉淀和免疫沉淀物等，是细胞和分子层面研究的基本工具。

3.超速离心机

超速离心机可以被分类为用于分析的超速离心机和用于制备的超速离心机两大类。用于制造的超速离心机的最大额定转速范围是50 000～80 000r/min，而其最大的相对离心力约为6×10^5g。通过利用超速离心转头产生的高速旋转产生的巨大离心力，可以对细胞器、病毒、生物大分子进行分离、浓缩、精制，并可以用于测定蛋白质、核酸的相对分子质量等。先进的超速离心机用于制备，配备了高级的光学系统附属设备、密度梯度形成收集器、用于区带操作的各种加样取样器、密度梯度泵、积分仪等。该仪器具有高度的自动化和完备的功能。

用于分析的超速离心机通常都配备了特别设计的旋转头、控制系统和光学系统，这样可以直接观察、了解和分析样品的沉降情况。通过专门配置的数据处理设备，可以自动地计算 S（沉降系数）和 Mr（相对分子质量）。超速离心机在分析中主要被应用于生物大分子的相对分子质量测量、评估样本的纯度以及监测生物大分子结构的变动等方面。

(二)离心机的使用方法

为了实现沉淀与母液的分离，无论是过滤还是离心都能达到预期效果。但在沉淀过于黏稠或颗粒尺寸过小，且需要通过滤纸进行定量测定时，离心沉淀法相对于过滤法更为合适。

1.使用方法

(1)在操作前，应确保离心机被放置在一个稳定的表面上，保持其水平和稳定，并仔细检查离心机的旋转状态是否稳定，从而评估离心机的工作性能。

(2)请确保套管和离心管的尺寸匹配，离心管在套管内的自由旋转不会过于紧密，同时要检查套管的软垫（使用棉花或橡皮）是否已经铺设完毕。套管的底部状态是否良好，或者是否存在杂质。

(3)在经过合格的检查之后，将一对离心管分别置入一对套管内，并与套管一同放置在天平的两侧，以确保两侧的总重量达到平衡，这包括离心管、离心套管以及离心管内溶液的总重量。所有平衡状态下的套管和内容物都应放置在离心机内部，而平衡后的一对离心管和其内部内容物应当是对称放置的。在进行离心操作时，离心机内部不应保留离心管套。

(4)在放置离心管之后，确保离心机盖已盖紧，并仔细检查所需的电源电压，然后根据指示重新连接电源。通过旋转速度调节旋钮，逐渐提升至所需的离心速率。

(5)在离心机进行旋转的过程中，若发现机身不稳定或噪音分布不均，应立刻终止离心操作，并重新确认离心机的重量是否均匀，以及离心机是否处于稳定状态。在进行离心操作时,如果玻璃管或套管被打碎,应立刻进行清理,并在重新配平之后再进行离心。

(6)在离心达到预定的时间之后,逐渐将转速旋钮调整至零,然后再关闭电源。手不能强行让其停止旋转,因为这不仅会对离心机造成损害,还可能导致沉淀物被搅动而浮起。在离心机完全停止工作之后,将离心管和管套取出,并最终将电源插头断开。

2. 操作注意事项

(1)在进行溶液的装载过程中,需要依据各类离心机的详细操作指南来操作,并根据待离心液体的具体性质和体积来选择合适的离心管。某些离心管是没有盖子的,因此液体不能装得过多,以防止在离心过程中被甩出,从而导致转头不平衡、生锈或受到腐蚀。对于制备型离心机的离心管,经常需要确保液体完全充满,以防止在离心过程中塑料离心管出现形变。在每一次使用离心机后,都需要仔细检查转头的状态,并及时进行清洗和擦干。需要特别注意的是,转头在离心机中是一个需要特别保护的部分。在移动过程中要格外小心,避免与其他部件发生碰撞,以防造成伤害。如果转头长时间未被使用,应涂上一层蜡进行保护,并严格禁止使用已经变形或老化的离心管。

(2)在操作各类离心机之前,务必在天平上对离心管与其内部物质进行精确的平衡,而在平衡过程中,两者的重量差异不应超出离心机说明书所明确规定的界限。在转头处绝对不能放置单数离心管,当转头仅为部分装载时,这些管子需要相互对称地摆放,以确保负载能够均匀地分散在转头的四周。

(3)在进行配平操作时,必须确保离心管套外部不被水浸湿,否则可能会对最终效果产生不良影响。

(4)在离心的过程中,不能随便离开设备,必须持续检查离心机上的仪器是否处于正常工作状态,如果出现不正常的声响,应立刻停止机器进行检查,并迅速解决问题。

（5）每一个转头都有其特定的最大转速、使用种类和使用期限,在使用这些转头时,必须仔细查看使用说明,避免过度操作。每一个转头都需要附带一个使用记录,详细记录其使用时长,如果超出了该转头的最大使用期限,则必须按照既定规则降低使用速度。

三、常用离心方法

（一）差速沉降离心法

差速沉降离心技术是一种通过逐步提高离心速度或采用低速与高速交替离心的方式,利用不同大小的离心力来使具有不同沉降系数的颗粒进行分批沉淀的技术。这种方法通常被应用于分离那些沉降系数相差在一个到数个数量级之间的粒子。在差速沉降离心过程中,首先需要精心选择每一种颗粒沉降所需的离心力和离心所需的时间。在特定的时间内,当施加一定的力量进行离心时,离心管的底部会产生最大和最重的颗粒沉淀。在提高转速后,分离出的上清液会再次离心,从而产生第二部分的较重颗粒沉淀和包含较小和较轻颗粒的上清液。经过这样的多次离心操作,可以有效地将液体中的各种颗粒分离出来。采用这种方法得到的沉淀物是不均匀的,并且还混入了其他物质,需要进行 2～3 次的离心处理,才能获得相对纯净的粒子。

这种方法主要用于从组织的均匀浆液中分离细胞器和病毒,其优势在于操作简单,离心后可以用倾倒法将上清液和沉淀分离。然而,由于需要进行多次离心操作,分离效果并不理想,无法一次性获得纯净的颗粒,这些沉淀在管底的颗粒在受到挤压时容易发生变性和失活。

（二）密度梯度区带离心法

密度梯度区带离心法,也被称为区带离心法,是一种将样本粒子在一个特定密度梯度的介质中进行离心的方法。这个介质是由合适的小分子和样品粒子可以在其中悬浮的溶剂组成的。在一定的离心力作用下,离心一段时间后,不同大小的颗粒会沉降到不同的层次,从而形成所谓的区带。这一技术特别适合于分离密度相近但大小不同的样本。这种方法的主要优势在于:分离效果出色,能够一次性得到样品中分离出的几个或所有成分都相对纯净的粒子;其应用范围非常广泛,既可以分离沉降系数不佳的粒子,也可以分离浮力密度不佳的粒子;颗粒不会因为受到挤压而发生变形,这不仅维持了颗粒的活跃性,还避免了由于对流导致的成型区域混合;拥有出色的识别和区分能力。不足之处在于离心所需的时间较长;制备密度梯度介质溶液需要严格的操作步骤,这使得掌握起来相当困难。

第三节　分光光度技术

一、基本原理

众多物质的溶液呈现出特定的颜色,由于不同物质的分子构造各异,它们对各种波长的光线都展现出不同的吸收特性,因此每一种物质都拥有其独特的光谱吸收能力。有色溶液所展现出的颜色,在本质上是它所选择的光的互补颜色,比如当溶液是黑色时,它几乎完全吸收了可见光区的所有色光;这种溶液是无色的,并且对可见光几乎没有吸收效果。无色的溶液中的成分能够吸收特定波长的紫外线或红外线。在特定的环境条件下,溶液对光的吸收能力与该物质的浓度呈正相关,因此,我们可以根据不同物质的吸收光谱特性,对其进行定性和定量的分析。

分光光度法是比色法的进一步发展,而比色法仅适用于可见光区域。分光光度法则还可以应用于紫外光区和红外光驱。用于比色法的单色光来源于滤光片,其谱带宽度介于 $40\sim120nm$ 之间,因此精度相对较低;分光光度法则要求使用接近真实的单色光,这些光来源于棱镜或光栅,并且需要具有高度的精确性。其光谱的最大带宽不应超过 $3\sim5nm$,而在紫外光范围内,带宽可以达到 $1\ nm$ 或更低。

(一)光的基本知识

光是由光量子构成的,它具有双面性,即不连续的微粒性和连续的波动性。分光光度法采用的光谱范围介于 200nm 至 $10\mu m$ 之间,即 $1\mu m$ 等于 1 000nm。在这些光区中,$200\sim400nm$ 是紫外光的范围,$400\sim760nm$ 是可见光的范围,而 $760\sim10\ 000nm$ 则是红外光的驱动器。电磁波的颜色因其波长的不同而有所变化,这些颜色各异的电磁波被称作单色光或单一波长的光,它们都是在特定波长范围内的光。由太阳和钨丝灯产生的白色光线,实际上是多种单色光源的融合。通过使用棱镜,白光可以被划分为多种单一的颜色,包括红色、橙色、黄色、绿色、青色、蓝色和紫色等,这被称为光谱。

(二)朗伯—比尔定律

朗伯—比尔定律基于分光光度计进行比色分析的核心思想,这一定律是从朗伯定律和比尔定律中总结出来的。

1.朗伯定律

当一束单色的光穿过溶液时,由于溶液吸收了部分的光能,这会导致光的强度下降。如果溶液的浓度保持不变,那么溶液的厚度越大(也就是光在溶液中传播的路径越长),光的强度下降的幅度也就越明显。

2.比尔定律

当单色的光线穿过有色的溶液,如果溶液的厚度保持不变但浓度有所变化,那么溶液的浓度越高,光线的衰减就越明显,这意味着吸光度与溶液浓度是正相关的。

3.Lambert—Beer 定律及应用

如果同时考虑溶液的浓度和液层的厚度对光吸收的影响,则必须将朗伯定律和比尔定律合并起来。

二、分光光度计的基本结构

能从含有各种波长的混合光中将每一单色光分离出来,并测量其强度的仪器称为分光光度计。

(一)一般构造

分光光度计可以根据使用的波长范围被分类为紫外光区、可见光区、红外光驱和万用(全波段)分光光度计等不同类型。不管是哪种类型的分光光度计,它都是由五个主要部分构成的,分别是光源、单色器、狭缝、比色杯以及检测器系统。

1. 光源

一个优质的光源应当拥有高的发光强度、稳定的亮度、宽泛的光谱范围以及持久的使用寿命。在分光光度计中,经常使用的两种光源是钩灯和氢灯。传统的分光光度计通常使用稳定控制的钨灯,这使其适用于340~900nm的光源范围。而更为先进的分光光度计则配备了稳压调节的氢灯,这使其成为200~360nm紫外光分析的理想光源。

2. 单色器

单色器的功能是把混合的光波拆分为一个单一的波长。通常使用棱镜或光栅作为色散元件,当光波穿过棱镜时,不同波长的光折射率会有所不同。波长更短的情况下,传播的速度会更快,同时折射率也会更高;相反地,波长越长,光的传播速度就越缓慢,折射率也就越低,这样就能有效地将不同波长的光进行分离。

3. 狭缝

狭缝是由一对分隔板在光通路上形成的缝隙,可以通过调整缝隙的大小来调整入射的单色光强度,并使入射光形成平行的光线,以满足检测器的需求。

4. 比色杯

狭缝是由一对分隔板在光通路上形成的缝隙,可以通过调整缝隙的大小来调整入射的单色光强度,并使入射光形成平行的光线,以满足检测器的需求。

(二)一般操作程序

1. 分光光度计的一般操作程序

(1)选定合适的波长作为入射光,接通电源预热仪器。

(2)调透光率为零,即仪器零点。

(3)测定完成后,应整理好仪器,尤其要注意吸收池应及时清洗干净。

对于不同型号的分光光度计其具体的操作步骤不完全相同,可参见各仪器说明书。

2.使用注意事项

(1)分光光度计是一种高精度的设备,使用时必须特别小心,并确保其具有防震、防潮和抗腐蚀的特性。

(2)我们需要确保比色杯保持清洁,并维护光学表面的透明性。

(3)为了避免光电系统出现疲劳,读取光密度值所需的时间应当被最大限度地减少。如果需要持续使用,应在过程中适当地让其避光并休息。

(4)避免将比色杯放置在仪器的表面,防止液体对仪器表面造成腐蚀。

(5)在调整到0位和100%的旋钮时,需要轻轻旋转,因为当旋转到终点时,指针还没有指向正确的位置,所以绝对不能再用力旋转,以避免对电位器造成损伤。

三、分光光度技术的基本应用

(一)测定溶液中物质的含量

可见或紫外分光光度法都可用于测定溶液中物质的含量,方法有以下几种。

1.直接比较法(标准管法)

通过比较标准溶液(已知浓度的溶液)与未知溶液(待测定浓度的溶液)的吸光度,我们发现由于使用的比色杯厚度相同,溶液的浓度与吸光度之间存在正比关系,从而可以确定未知样本溶液的具体浓度。

2.标准曲线法

先测出已知的不同浓度的标准液的吸光度,以为纵坐标,浓度为横坐标,绘制标准曲线,在选定的浓度范围内标准曲线应该是一条直线,然后测定出未知液的吸光度,即可从标准曲线上查到其相对应的浓度。

含量测定时所用波长通常要选择被测物质的最大吸收波长,这样做有两个好处:

(1)灵敏度大,物质在含量上的稍许变化将引起较大的吸光度差异;

(2)可以避免其他物质的干扰。

(二)用吸收光谱鉴定化合物

借助分光光度计,我们能够画出吸收光谱的曲线图。该研究方法涉及使用不同波长的单色光,通过特定浓度的溶液来测量这些溶液对各种单色光的吸光度。然后,以波长作为横坐标和吸光度作为纵坐标,绘制出吸光度与波长之间的关系曲线,这一曲线即为吸收光谱曲线。

不同的物质都有其独特的吸收光谱曲线,因此,利用这些吸收光谱曲线图,我们可以对物质进行定性的鉴别。在不同浓度的物质中,其吸收光谱曲线的峰值大小会有所不同,但它们的形态是相似的,也就是说,吸收的高峰和低峰的波长保持不变。因此,如果一个未知物质的吸收光谱曲线与一个已知物质的吸收光谱曲线具有相同的形状,那么它们很有可能是同一种物质。

紫外线的吸收是由其不饱和的构造引起的,那些含有双键的化合物呈现出明显的吸收高峰。紫外吸收光谱相对直接,同一种物质的紫外吸收光谱应该是完全相同的,但是具有相同吸收光谱的化合物的结构可能并不完全一样。除非有特别的情况,仅依赖紫外吸收光谱来确定一个未知的物体结构,这需要与其他技术相结合。紫外吸收光谱分析技术主要被应用于对已知物质进行定量评估和纯度鉴定。

四、提高测量精确度的方法

测量的准确性体现在测量数据在接近真实值时的集中程度。该测量方法具有很高的准确性,这意味着其平均值与实际测量值非常接近。同时,每次测量得到的数据都相当集中,这意味着系统误差和偶发误差都相对较小,从而确保了测量的准确性和精确性。为了提升测量的准确性,我们需要从几个关键方面进行深入思考。

(一)入射光波长的选择

波长对测量结果的影响程度与波长测定点在被测物品光谱曲线上的位置以及仪器波长误差的大小有关。当波长测量点位于被测样品尖锐的吸收峰或较陡的斜坡上时,波长的较小偏移会导致光度测量值的较大变化。为了确保测量结果具有高度的精确性,通常情况下,我们应该选择被测物质溶液的最大吸收波长作为入射光的来源。

(二)分析方法的误差

光谱纯度也是影响分光光度法准确性的关键因素。分光光度计应当能够准确地选择光源光谱中需要的特定波长作为入射光。通常,光谱带的宽度应保持在 10nm 以下。如果测试样本存在非常狭窄的吸收峰,那么光谱宽度就必须更小。因此,大多数分光光度计都具有可调节的狭缝。

散射的光线同样是导致误差的主要原因之一。这里提到的散射光是指那些没有被测定溶液吸收,而是落到检测器上造成干扰的光。例如,室内的自然光,如果通过某些漏洞进入仪器,会显著增加透光度。因此,高灵敏度的分光光度计应该安装在光线较暗的室内。散射光也涵盖了那些可以通过比色皿的非测定所需的其他波长的光。尽管它的光谱并不纯净,但由于其效果与散射光相同,因此也被称作散射光干扰。散射光的干扰对于高浓度的测定是非常不利的,它可以导致吸光度下降,并使标准曲线中的高浓度区域向下弯曲。

第四节 层析技术

一、层析的基本理论

层析法基于被分离物质在物理、化学和生物学属性上的差异,导致它们在特定基质中的移动速度有所不同,从而进行分离和分析。例如,通过利用物质在溶解度、吸附能力、立体化学特性、分子大小、带电状态、离子交换、亲和力大小和特异性生物学反应等方面的差异,可以使物质在流动相和固定相之间的分配系数(或称为分配常数)不同,从而实现彼此的分离。

(一)层析的基本概念

1.固定相

在层析过程中,固定相起到了一个基础的作用。这种物质既可以是固态的,如吸附剂、凝胶或离子交换剂等,也可以是液态的,例如固定在硅胶或纤维素上的溶液。这些物质可以与待处理的化合物进行可逆的吸附、溶解和交换反应。固定的相对层析效果发挥了至关重要的角色。

2.流动相

在层析的过程中,那些推动固定相上需要分离的物质向特定方向移动的液体、气体或超临界物质,统称为流动相。在柱层析技术中,这种物质通常被称作洗脱剂,而在薄层层析技术中,它被称为展层剂。在层析分离过程中,它也被视为关键的影响要素之一。

3.分配系数及迁移率(或比移值)

分配系数描述的是在特定条件下,某一组分在固定相与流动相中的含量(浓度)之间的比率,这个比率通常用 K 来表示,它是在层析过程中分离纯化物质的主要参考标准。

总的来说,影响分离程度或者说分离效率的因素是多个方面的。在考虑问题时,我们需要基于实际状况进行全面评估,尤其是针对生物大分子,我们还需深入研究其稳定性和活性等方面的因素。生化分离过程中,pH 值和温度等因素都会产生显著的影响,这一点是绝对不能被忽视的,否则我们将无法实现预期的分离效果。

(二)层析法的分类

层析根据不同的标准可以分为多种类型。

1.根据固定相基质的形式分类

根据固定相基质的形式分类,层析可以分为纸层析、薄层层析和柱层析。

(1)纸层析

是指以滤纸作为基质的层析。以滤纸作为液体的载体,点样后,用流动相展开,以达到组分分离目的。

(2)薄层层析

以一定颗粒度的不溶性物质,均匀涂铺在薄板上。点样后,用流动相展开,使组分达到分离的目的。

(3)柱层析

这意味着在固定的相柱上安装后,利用洗脱液将样本向一个特定方向移动,以实现分离的效果。

纸层析和薄层层析主要用于快速检测和分析小分子物质,以及少量的分离制备,通常是一次性使用的,而柱层析是常用的层析方式,适用于样品的分析和分离。在生物化学领域,如凝胶层析、离子交换层析、亲和层析和高效液相色谱等技术,它们普遍选择柱层析的方法。

2.根据流动相的形式分类

基于流动相的种类划分,我们可以将层析划分为液相层析与气相层析。气相层析描述的是气体作为流动相的层析过程,而液相层析则是指液体作为流动相的层析过程。在气相层析测定样本的过程中,气化的需求大大制约了其在生物化学领域的使用,它主要被用于氨基酸、脂肪酸等小分子的识别和分析。液相层析作为生物科学中最普遍采用的一种层析技术,特别适用于对生物样本进行分析和分离。

3.根据分离的原理不同分类

根据分离的原理不同分类,层析主要可以分为吸附层析、分配层析、凝胶过滤层析、离子交换层析、亲和层析等。

(1)吸附层析

这是一种利用吸附剂作为固定相,并根据待分离物质与吸附剂之间的吸附力差异来实现分离目标的层析方法。

(2)分配层析

是根据在一个有两相同时存在的溶剂系统中,不同物质的分配系数不同而达到分离目的的一种层析技术。

（3）凝胶过滤层析

是以具有网状结构的凝胶颗粒作为固定相，根据物质的分子大小不同进行分离的一种层析技术。

（4）离子交换层析

是以离子交换剂为固定相，根据物质的带电性质不同进行分离的一种层析技术。

（5）亲和层析

这种层析技术是基于生物大分子与配体之间的特定亲和性（例如酶与抑制剂、抗体与抗原、激素与受体等），将特定的配体固定在载体上，从而实现与配体有特异性结合的生物大分子的分离。亲和层析技术被认为是分离生物大分子中最高效的方法，它拥有极高的分辨能力。

二、常用的层析技术介绍

（一）吸附层析

吸附层析是以吸附剂为固定相，根据待分离物与吸附剂之间吸附力不同而达到分离目的的一种层析技术。

1. 吸附层析原理

吸附作用描述的是某些物质（也称为吸附剂）有能力从其溶液中将溶质集中到表面的行为。吸附剂的吸附能力不仅取决于吸附剂本身和被吸附物质的特性，还与其周围溶液的成分紧密相关。当我们调整吸附剂周边溶液的组成时，吸附剂的吸附能力会发生改变，这通常会导致可被吸附的物质从吸附剂上被解吸下来，这一解吸过程被称为洗脱或展层。因此，当样本中的物质被吸附剂吸收后，通过使用合适的洗脱液进行冲洗，可以有效地改变吸附剂的吸附性能，使被吸附的物质被解吸。随着洗脱液的前进，这种物质会再次遇到新的吸附剂并被吸附，但在随后的洗脱液冲洗后，它会再次解吸并继续向前移动。经历了如此多次的吸附、解吸、再次吸附以及再次解吸的连续过程。物质有能力持续地前进。由于不同的吸附剂对样本中的各个成分具有不同的吸附能力,因此在洗脱剂的作用下,它们移动的速率也会有所不同,这使得它们能够逐步被分离。

2.吸附剂的选择

选择合适的吸附剂是进行吸附层析分析的决定性因素。常见的吸附材料包括硅胶、氧化铝、硅藻土和纤维素等。硅胶是一种微酸性的吸附材料,特别适用于区分酸性与中性成分;氧化铝作为一种微碱性的吸附材料,特别适用于区分碱性与中性成分;硅藻土和纤维素都是中性的吸附材料,非常适用于分离中性成分。吸附材料中的粒子必须具有适当的细度,并且其粒度应该是均匀的。

3.吸附剂的装填方式

吸附层析根据吸附剂的装填方式可分为柱层析法和薄层层析法两种。

(1)柱层析法

进行柱层析时,需要选择一个合适大小的层析管,并填充适量的吸附剂。随后,将样品溶液加入,待所有样品完全进入吸附剂后,再加入洗脱液进行洗脱。这样,不同的组分就会以不同的速度向下流动,从而逐步分离。通过分阶段地收集洗脱液,我们可以获得各个成分的溶液,以供后续的处理和测量。

(2)薄层层析法

薄层层析法是将吸附剂均匀地涂抹在玻璃板上,然后铺设成薄层。将待分离的样本放置在薄层的一侧,并在封闭的容器内使用合适的溶剂进行展层,以实现分离和鉴定的目标。

薄层层析技术的主要优势包括:设备的简洁性、操作的简便性、层析所需的时间较短以及高效的分离效果。它是一种迅速发展的微量快速层析技术,适用于氨基酸、核苷酸、糖类、脂类和激素等多种物质的分离和识别。

(二)分配层析

分配层析是根据在一个有两相同时存在的溶剂系统中,不同物质的分配系数不同而达到分离目的的一种层析技术。

1. 分配层析原理

在进行层析分离的过程中,物质不仅会进入一个固定相,还会进入一个流动相,这个过程被称为分配过程。分配层析技术是一种通过利用混合物中各成分在两种不相容溶剂中的不同分配系数来实现分离效果的层析方法。

在分配层析技术中,经常使用滤纸作为支撑,这被称作纸上的分配层析。滤纸纤维与水之间存在显著的亲和性,它可以吸收水的 20%～22%。在这其中,部分水与纤维素的羟基通过氢键方式结合,但滤纸纤维与有机溶剂的亲和性相对较弱。因此,滤纸的结合水被视为固定相,而饱和的有机溶剂则被视为流动相(展层剂)。当流动相经过滤纸的样品点时,样品点上的溶质在水和有机相之间不断地进行溶液分配。由于混合物中的各组分在相同条件下具有不同的分配系数,因此随着流动相移动的速度不同,这些组分就会被分离,从而形成距离原点不同的层析点。

2. 分配层析操作要点

纸层析法涉及的步骤包括点样、展层、显色和测定等步骤。展层的方法可以分为单向(上行法、下行法)、双向和径向(环向)两种。为了增强纸张的分辨率,可以采用两种不同的展开剂来实现纸张的双向展层。双向纸层析技术涉及将滤纸裁剪为长方形或方形,并在一角进行点样。首先,使用一种特定的溶剂系统进行展开,吹干后再旋转 90°,最后用另一种溶剂系统进行第二轮展开。对于那些单向纸层析难以明确分离的物质,采用双向纸层析方法通常能够实现较为理想的分离效果。

纸层析技术既可以进行定性分析,也可以进行定量分析。通常,我们使用碱洗法和直接比色法这两种方式来进行定量研究。碱洗法涉及在滤纸上对组分进行显色处理,然后剪去其上的斑点,接着使用合适的溶剂进行洗脱,最后采用分光光度法进行定量分析。直接比色法利用层析扫描仪在滤纸上直接测量斑点的大小和颜色的深度,然后绘制出相应的曲线,并能够自动进行积分以得出结果。

(三)离子交换层析

离子交换层析是一种基于离子交换剂作为固定相,根据流动相中的组分离子与交换剂上的平衡离子在可逆交换过程中的结合力差异来进行分离的层析技术。在 1848 年的土壤碱性物质交换研究中,人们观察到了离子交换的现象。在 20 世纪 40 年代,一种具备稳定交换性质的聚苯乙烯离子交换树脂开始出现。在 20 世纪 50 年代,离子交换层析技术被引入到生物化学的研究中,主要用于氨基酸的分析工作。离子交换层析技术在生物化学领域依然是一种经常被采用的层析技术,它被广大研究者用于分离和纯化各种生化成分,例如氨基酸、蛋白质、糖分和核苷酸等。

1.基本原理

离子交换层析技术是基于不同离子或离子化合物与离子交换剂之间结合力的差异来进行分离和纯化的。离子交换层析中的固定相实际上是离子交换剂,它是由一种不溶于水的惰性高分子聚合物基质通过特定的化学反应与某种电荷基团共价键合而成的。离子交换剂可以被划分为三个主要部分:高分子聚合物的基质、电荷基团以及平衡离子。电荷基团与高分子聚合物进行共价结合,从而生成一个带电的、能够进行离子交换的基团。平衡离子是附着在电荷基团上的对立离子,它具有与溶液中其他离子基团进行可逆交换反应的能力。带有正电的平衡离子交换剂可以与带有正电的离子基团进行交换,这种物质被称作阳离子交换剂;当平衡离子带有负电荷的离子交换剂与带有负电荷的离子基团进行交换时,这种现象被称作阴离子交换剂。

阴离子交换剂中的电荷基团具有正电荷特性,在经过装柱平衡处理后,会与缓冲溶液中带有负电荷的平衡离子发生结合。在待处理的溶液中,可能存在正电、负电以及中性的基团。经过加样处理后,负电基团能够与平衡离子进行可逆的置换反应,并与离子交换剂发生结合。然而,正电基团和中性基团无法与离子交换剂形成结合,它们会随着流动相的流出而被移除。通过选择适当的洗脱方法和洗脱液,例如增加离子强度的梯度洗脱,随着洗脱液离子强度的增加,洗脱液中的离子可以逐步与离子交换剂上的各种负电基团进行交换,从而将各种负电基团置换出来,然后随着洗脱液的流出。与离子交换剂结合能力较弱的负电基团会首先被替换,而与离子交换剂结合能力较强的则需要更高的离子强度才能被替换。这样,各种负电基团会按照与离子交换剂的结合强度从小到大的顺序逐渐被清除,从而实现分离的目的。

2.离子交换剂的类型

在离子交换层析技术中,固态部分被称为交换剂,这是一种高分子不可溶解的物质,目前广泛使用的包括人造合成的树脂、纤维素、葡聚糖和琼脂糖等。在这些不溶性的母体上,我们加入了各种不同的活性基团,这些基团具备离子交换的功能,使其成为不同种类的离子交换剂。在母体上加入的活性基团主要可以被分类为酸性和碱性两种类型。酸性基团具有解离 $H+$ 的能力,并能与溶液中的阳离子进行交换,因此这种离子交换剂被称作阳离子交换剂。碱性基团具有解离 $OH-$ 与溶液中阴离子进行交换的能力,因此这种离子交换剂被命名为阴离子交换剂。由于加入的酸性和碱性基团强度各异,这两种离子交换剂可以进一步分类为强酸型、弱酸型,以及强碱型和弱碱型。

3.离子交换层析基本操作

(1)交换剂的选择

在选择交换剂时,必须充分考虑待分离物质和交换剂的特性。如果分离出的物质是阳离子,那么应优先选择阳离子交换剂;反之,应优先选择阴离子交换剂。在溶液中,离子在交换剂中的吸附行为不仅会受到其自身电荷数量的制约,还会受到与离子交换剂的非极性亲和性和交换剂的空间构造等多种因素的影响。因此,在对某一物质进行分离的过程中,我们必须依据该物质的解离特性和分子尺寸来选择合适种类的离子交换剂。

（2）交换剂的处理、转型与再生

离子交换剂的再生过程涉及对已使用的离子交换剂进行特定处理，以使其回复到其原始的性质。我们之前提到的酸碱交替浸泡技术能够促使离子交换剂进行再生。然而，离子交换树脂不必经过酸或碱的处理，只需进行"转型"即可。离子交换剂的转变过程涉及到离子交换剂从一个平衡状态的离子转变为另一个平衡状态的离子，也就是说，在使用过程中，希望树脂能够携带哪种类型的离子。

（3）装柱

首先，需要确保柱子是垂直放置的，并在柱内填充 1/3 的溶液。接着，用溶液稀释已经处理好的交换剂，并在搅拌的过程中逐渐加入柱内，以确保交换剂均匀沉降。当达到交换柱的高度约为 1cm 时，打开其底部，让溶液逐渐流出。同时，持续添加搅拌均匀的交换剂，直到达到预定的柱高。已经安装好的柱子应该没有明确的界限，不能存在气泡，并且柱子的床面应该是平滑的。已经安装好的柱床表面需要维持一层溶解液，以防止空气侵入。

（4）样品上柱

完成柱体安装后，需要使用适当的缓冲液进行平衡。在上样过程中，应将柱面上的溶液释放出来，直到液面与柱床面处于相同的高度。然后，使用滴管将样品加入，打开样品的下口，让样品进入柱床。当样品液与柱床面接触正常时，用少量的缓冲液清洗管壁，这样可以确保样品完全进入柱内，避免拖尾现象的发生。

（5）洗脱

通常是基于所使用的洗脱液中含有比吸附物质更活跃的离子或基团，以此来替代吸附物质，并根据这一准则来选择不同的洗脱液。洗脱液由具有不同离子浓度和不同 pH 值的缓冲液构成。用于区分样本中的各种成分。洗脱的主要方法包括分阶段洗脱（或分段洗脱）以及连续梯度洗脱技术。

①分步洗脱法

预先配置不同离子强度的缓冲溶液。分段换用离子强度由低到高、pH 相同或不同的洗脱液以洗脱生物大分子的各种组分。

②梯度洗脱法

在早期的设计中,使用了两个直径一致且底部连接的大型容器,将离子浓度较低的缓冲溶液放入一个混合瓶中,混合瓶的底部装有搅拌器,并与色谱柱的顶部相连接。另一种容器中储存了具有较高离子强度的缓冲溶液。在洗脱的过程当中,由于缓冲液不断地从贮存瓶流向通过搅拌器的混合瓶,这导致流入色谱柱的洗脱液中的离子强度按照梯度递增,同时 pH 值也在逐步变化,从而实现了自动收集的功能。研究者们已经开发了一种能够自动进行梯度洗脱的分离洗脱技术,这种技术具有出色的可重复性。

4. 离子交换层析的应用

离子交换层析的应用范围很广,主要有以下几个方面。

(1)水处理

离子交换层析技术是一种简洁且高效的方法,用于清除水中的杂质和各类离子,而聚苯乙烯树脂在高纯水制备、硬水软化和污水处理等领域得到了广泛应用。虽然蒸馏法可以用于纯水的生产,但这种方法需要消耗大量能源,并且生产过程相对较少、速度缓慢,因此无法获得高纯度的水。采用离子交换层析技术,我们能够大规模且迅速地生产出高纯度的水。通常情况下,水会依次经过 H＋型的强阳离子交换剂,以去除各类阳离子和与这些阳离子交换剂吸附的杂质;通过使用 OH－型的强阴离子交换剂,我们可以去除各种阴离子和与其吸附的杂质,从而获得纯净的水。通过使用弱型阳离子和阴离子交换剂进行进一步的纯化处理,我们能够获得纯度相对较高的纯净水。经过一段时间的使用,离子交换剂可以经过再生过程再次被利用。

(2)分离纯化小分子物质

离子交换层析技术也被广泛用于分离和纯化无机离子、有机酸、核苷酸、氨基酸和抗生素等小分子化合物。例如,在分析氨基酸时,我们使用了强酸性的阳离子聚苯乙烯树脂,并在 PH2～3 的范围内将氨基酸混合液固定。在这个过程中,所有的氨基酸都会附着在树脂表面,并逐渐增加洗脱液的离子浓度和 pH 值,这会导致不同的氨基酸以各种不同的速率被洗脱,从而可以进行进一步的分离和鉴定。现在,我们已经拥有了全自动的氨基酸分析设备。

(3)分离纯化生物大分子物质

离子交换层析技术是根据物质的电荷特性来进行分离和纯化的,它是一种对蛋白质和其他生物大分子进行分离和纯化的关键方法。鉴于生物样本中蛋白质的复杂性,通常很难仅通过一次离子交换层析就获得高纯度,这通常需要与其他分离技术结合使用。在利用离子交换层析进行样品分离时,应充分发挥其带电特性的优势,只需在适当的条件下,通过离子交换层析就能获得相当令人满意的分离成果。

(四)凝胶层析

凝胶层析有多个别名,包括凝胶排阻层析、分子筛层析、凝胶过滤以及凝胶渗透层析等。该方法采用多孔性凝胶填料作为固定相,并根据分子的大小顺序来分离样本中的各个成分,这是一种液相色谱技术。在1959 年,科研团队首次采用交联葡聚糖凝胶这种多孔聚合物作为柱的填充物,从水溶液中分离出具有不同相对分子质量的样本,这一过程被命名为凝胶过滤。在 1964 年,一种具有不同孔径的交联聚苯乙烯凝胶被成功制备出来,这种凝胶被命名为凝胶渗透层析,而当流动相是有机溶剂时,这种凝胶层析通常被称为凝胶渗透层析。随着时间的推移,这项技术经历了持续的优化和进步,如今在生物化学、高分子化学等众多学科中得到了广泛应用。

在生物化学领域,凝胶层析被广泛认为是一种高效的分离技术。其主要优势包括设备的简洁性、操作的简便性、样品的高回收率、良好的实验重复性,特别是在不改变样品的生物活性的前提下。因此,它被广泛应用于生物分子如蛋白质(包括酶)、核酸和多糖的分离和纯化。此外,凝胶层析还被用于测定蛋白质的相对分子质量、进行脱盐处理和样品的浓缩等工作。

1. 凝胶层析的基本原理

凝胶层析技术是基于分子尺寸这一物理特性来进行分离和纯化的。凝胶层析技术中的固定相由具有惰性的珠状凝胶颗粒组成,这些凝胶颗粒内部呈现出立体的网状结构,并形成了众多的孔洞。当包含不同分子尺寸的成分的样本进入凝胶层析柱时,这些成分会向固定相的孔内扩散,而这种扩散的程度是由孔穴的尺寸和成分分子的大小所决定的。那些孔径比孔穴大的分子无法进入孔穴的内部,而是被完全阻挡在孔外。它们只能在凝胶颗粒之外的空间中随着流动而向下移动,由于它们所经历的过程较短且流速较快,因此它们是首先被释放的;相对较小的分子有能力完全渗透进凝胶粒子的内部,这一过程耗时较长,流速缓慢,因此最终会被释放出来;在流动过程中,那些分子尺寸介于两者之间的分子会部分地进行渗透。这种渗透的程度是由它们的分子大小所决定的,因此它们的流出时间位于这两者之间。分子尺寸更大的组分最先流出,而分子尺寸更小的组分则更晚地流出。经过凝胶层析处理后,样品中的各个成分会按照分子大小从大到小的顺序依次排出,从而实现了有效的分离。

2. 凝胶层析的基本概念

所谓的外水体积,是指凝胶柱内凝胶颗粒周边的空间体积,也即是凝胶颗粒之间液体流动状态的体积。内水体积指的是凝胶颗粒内部的孔隙体积,而在凝胶层析过程中,固定相体积则代表了内水的体积。基质体积描述的是凝胶粒子的真实骨架体积。柱床的体积是指凝胶柱能够承载的整体体积。洗脱体积描述的是从样品中提取某一成分所需要的洗脱液的体积大小。

3. 凝胶的种类和性质

凝胶的种类很多,常用的凝胶主要有葡聚糖凝胶、聚丙烯酰胺凝胶,琼脂糖凝胶以及聚丙烯酰胺和琼脂糖之间的交联物。另外还有多孔玻璃珠、多孔硅胶、聚苯乙烯凝胶等。

(五)亲和层析

1.亲和层析的基本原理

在生物分子之间,有许多特定的互动,例如我们所熟知的抗原－抗体、酶－底物或抑制剂、激素－受体等。这些分子能够进行专一且可逆的结合,这种特殊的结合关系被称作亲和力。亲和层析分离的基本原理是,通过将两个具有亲和力的分子中的一个固定在不溶性基质上,利用分子间亲和力的特异性和可逆性,对另一个分子进行分离和纯化。固定在基质上的分子被称作配体,这些配体与基质之间存在共价键合,形成了亲和层析的稳定相,这种物质被命名为亲和吸附剂。在进行亲和层析分析时,首先应选择与待分离生物大分子具有亲和力的物质作为配体。例如,分离酶可以选择其底物类似物或竞争性抑制剂作为配体,而分离抗体则可以选择抗原作为配体。

许多层析技术,例如吸附层析、凝胶过滤层析和离子交换层析,都是基于不同分子之间的物理和化学特性差异,例如分子的吸附特性、分子尺寸和分子的电性等来实现分离的。鉴于许多生物大分子间的这种区别并不显著,因此这些技术的分辨能力常常不尽如人意。为了分离和纯化某一物质,通常需要结合多种技术手段,这不仅导致分离过程变得复杂和耗时,还可能降低待分离物质的回收效率,并对其活性产生不良影响。亲和层析技术是通过利用生物分子固有的生物学特性——即亲和力,来进行分子的分离和纯化。亲和力的高度专一性赋予了亲和层析极高的分辨能力,这使其成为分离生物大分子的一种非常理想的层析技术。

在亲和层析技术中,两个可以相互识别的分子可以相互称呼为配体,例如,激素可以被视为受体的配体,而受体也可以被视为激素的配体。

2.操作方法

根据分离物质的种类,亲和层析的分离技术也会有所不同。通常的步骤包括:首先选择配体,然后选择偶联的凝胶,接着是偶联配体、装柱、平衡、上样、洗涤未结合的杂质、洗脱目标物质,最后是样品。

(1)配体的选择

任何能与分离物质紧密、独特且可逆地结合的物质,都可以被视为配体。选择配体需要满足两个前提条件。首先,生物大分子与其配体之间存在适当的亲和性,如果亲和性过强,洗脱过程会非常激烈,这可能导致生物大分子的失活,从而使亲和性降低,结合率降低;其次,配体需要具备两种功能:一是拥有能与载体紧密结合的基团,二是在结合后不会影响生物大分子与配体之间的亲和性。

(2)载体的选择及与配体的偶联

在成功进行亲和色谱分离的过程中,选择适当的固体载体是一个至关重要的步骤。经过实践检验,琼脂糖凝胶与聚丙烯酰胺凝胶被证实是亲和色谱的卓越载体。琼脂糖凝胶的结构是开放的,具有很好的通过性,在酸碱处理时非常稳定,物理性能也很好。在碱性环境中,琼脂糖凝胶上的羟基容易被溴化氰转化为亚氨基碳酸盐,并且在较为温和的环境中,它可以与氨基等基团结合,形成配体。

(3)装柱、上样

在亲和色谱吸附剂准备完毕之后,将其放入色谱柱内,而色谱柱本身并没有特定的规格要求,通常使用的是短而粗的柱体。选择的依据是纯净物的数量和其吸附的能力。常用的短柱具有很强的吸附性能。吸附性能较差的柱子通常会更长一些。

(4)洗脱

从柱体中提取目标物质是决定亲和色谱是否能够成功的核心因素。洗脱通常是通过减少目标产物与配体间的亲和性来实现的。目标产品可以通过单步操作或连续调整洗脱剂的浓度来实现洗脱。在蛋白质与配体之间的相互作用力过于强烈的情况下,一步法是一个可行的解决方案,甚至可以先让洗脱剂在柱体内停留半小时。

第五节　电泳技术

一、电泳的基本原理和影响因素

(一)基本原理

生物大分子,例如蛋白质和核酸,大部分都包含阳离子和阴离子基团,这些被称为两性离子。这些物质通常以粒子的形式散布在溶液里,它们的静电荷是由介质中的 H+浓度或与其他大分子的互动决定的。在电场作用下,带电的粒子会向阴极或阳极移动,而这种移动的方向是基于它们的带电标记,这种移动行为被称为电泳。

如果将生物大分子的胶体溶液置于一个无干扰的电场环境中,那么颗粒上的有效电荷将成为保持其恒定迁移速率的主要驱动力和电位梯度。它们与介质的摩擦阻力抗衡。

(二)影响迁移率的主要因素

1.带电颗粒的性质

带电粒子的特性涉及电荷的数量、粒子的尺寸和形态。通常情况下,如果颗粒携带的净电荷较多,且直径较小且近似球形,那么其游泳速度会更快;相反,如果直径较小,则游泳速度会更慢。分子的形态、介质的粘稠度以及颗粒携带的电荷都与迁移率息息相关。它与颗粒的表面电荷呈正相关,而与介质的黏度和颗粒的半径呈负相关。但是,在实际的电泳过程中,带电粒子的迁移速度往往比在理想的稀溶液中要慢。电泳过程中所采用的是特定浓度的缓冲液体。在电解质缓冲溶液中,带有电荷的生物分子会吸引带有相反电荷的离子到其周围,从而形成一个离子扩散层。在电场作用下,当粒子朝相反的电极方向移动时,离子扩散层携带的多余电荷会朝粒子泳动的相反方向移动,因此,粒子与离子扩散层之间的静电吸引力会导致粒子泳动速度的减缓。此外,在电场的作用下,分子颗粒的表面覆盖了一层水,这层水与颗粒共同移动,因此可以被视为颗粒的组成部分。

2.电场强度

电场强度描述的是在每厘米支撑物上的电势差异,也被称作电势梯度。依据欧姆定律,我们可以确定电流 I 与电压 V 之间存在正比关系。在电泳的过程当中,溶液内的电流是由缓冲液与样本离子共同传递的,这导致了迁移率与电流之间存在正比关系。从研究中我们可以得知,电场的强度越高,带电粒子的移动速度就越快,而电场强度越低,速度就越慢。电场的强度越高或支撑物的长度越短,电流和产热都会相应地增加,这会对分离效果产生影响。在执行高压电泳的过程中,冷却设备是必不可少的,否则可能会导致蛋白质等样本发生热变性,从而无法进行有效分离。

3. 溶液的 pH

溶液的 pH 值不仅影响带电粒子的解离程度,还决定了物质携带的净电荷数量。在涉及蛋白质、氨基酸等两性电解质的情况下,溶液的 pH 值与等电点的距离越大,颗粒携带的净电荷也就越多,这会导致电泳速度加快,反之则会减慢。因此,在需要分离某种蛋白质混合物的过程中,应当选择一种 pH 值,该 pH 值应能显著地改变不同蛋白质的带电荷量,以便更好地促进各种蛋白质分子的解离。为确保电泳过程中溶液的 pH 值保持稳定,我们必须使用缓冲性的溶液。

4. 溶液的离子强度

如果离子的强度太低,那么缓冲液的缓冲能力会减少,从而难以保持 pH 值的稳定;当离子的浓度过高时,蛋白质的电荷含量会下降,从而导致电泳的速度变慢。因此,在选择离子强度时,我们需要同时考虑这两个因素,通常选择的离子强度范围是 0.02～0.2。

5. 电渗作用

某些支撑材料(例如纸张和淀粉胶)展现出电渗特性,这种电渗是指在电场作用下,液态物质相对于固态支撑物的移动。以纸电泳为例,滤纸中的纤维素带有负电荷,这导致与滤纸接触的水溶液带有正电荷。因此,带有正电荷的液体会携带其中溶解的物质转移到负极,这一过程加速了阳离子的移动速度,并有效地阻止了阴离子的迁移。如果样本原先是朝向负极移动的,那么其泳动速度会相应地加速;如果原先是朝向正极移动的,那么速度会有所减缓。因此,在电泳过程中,颗粒的泳动速度是由颗粒自身的泳动速度和缓冲液的电渗效应共同决定的。与纸和淀粉胶相比,醋酸纤维素薄膜或聚丙烯酰胺凝胶的电渗能力显著较弱。

(三)电泳的分类

电泳技术通常根据是否存在支持物来进行分类。在电泳过程中,我们不需要任何支撑物,而是直接在溶液中执行电泳,这种方法被称为自由电泳;相对地说,带有支持性物质的电泳技术被称为区带电泳。在区带电泳技术中,根据使用的支持物种类,通常会有各种不同的命名方式。

1. 按支持物的物理性状不同分为

(1)滤纸及其他纤维纸电泳;

(2)粉末电泳:如纤维素粉、淀粉电泳;

(3)凝胶电泳:如琼脂、琼脂糖、聚丙烯酰胺凝胶电泳;

(4)丝线电泳:如尼龙丝、人造丝电泳。

2. 按支持物的装置形式不同分为

(1)平板式电泳:支持物水平放置,最常用;

(2)垂直板式电泳:聚丙烯酰胺凝胶可做成垂直板式电泳;

(3)垂直柱式电泳:聚丙烯酰胺盘状电泳属于此类。

3. 按 pH 的连续性不同分为

(1)连续 pH 电泳:在整个电泳过程中 pH 保持不变,常用的纸电泳、醋酸纤维素薄膜电泳等属于此类;

(2)在非连续 pH 电泳中,缓冲液与电泳支持物之间的 pH 值存在差异。例如,聚丙烯酰胺凝胶盘状电泳能够在电泳过程中使待分离的蛋白质产生浓缩效果。

等电聚焦电泳也可以被称为非连续 pH 电泳,它是通过人工合成的两性电解质在通电后形成一定的 pH 梯度。分离出来的蛋白质在它们各自的等电点上形成了独立的区域。

二、常用电泳操作技术

(一)醋酸纤维薄膜电泳

醋酸纤维薄膜(CAM)是由醋酸纤维加工而成的一种具有微细和薄微孔的薄膜材料。根据乙酰化的程度、厚度、孔径以及网状结构的差异,它们呈现出不同的种类。目前,它已被广大研究者用于分离和分析多种生物分子,包括血清蛋白、血红蛋白、球蛋白、脂蛋白、糖蛋白、甲胎蛋白、类固醇和同工酶等。电泳过程需要在一个密封的容器内用较低的电流来完成,由于薄膜的吸水量相对较少,因此可以防止过度蒸发。尽管其电渗能力很强,但其均匀性很高,并且不会对样品的分离效果造成影响。该方法的局限性在于其分辨率低于聚丙烯酰胺凝胶电泳,并且由于薄膜的厚度较薄($10\sim100\mu m$),所需样本量相对较少,因此不适合进一步制备。

(二)琼脂糖凝胶电泳

琼脂糖是从琼脂中分离出来的一种链状多糖,由 D－半乳糖和 3、6－脱水－L－半乳糖组合而成。由于其含有的硫酸根比琼脂少,因此其分离效果得到了显著的提升。

琼脂糖凝胶电泳技术在生物大分子如蛋白质和核酸的分离、纯化、鉴定,以及抗原和抗体反应分析、抗体分离等方面有着广泛的应用。存在多种不同的免疫电泳方法,例如高压琼脂糖免疫电泳和定量免疫电泳(包括火箭免疫电泳和双向免疫电泳)等。

(三)聚丙烯酰胺凝胶电泳

依据凝胶的形态,可以将其分类为盘状电泳与板状电泳。盘状电泳是一种在垂直玻璃管中,通过利用不连续缓冲液的 pH 值来进行电泳的技术。同时,由于样本混合物在分离后形成的带状区域非常狭窄,呈现出圆盘形状,因此得名。板状电泳技术(无论是垂直还是水平方向)是一种将丙烯酰胺聚合为方块或矩形平板的方法,而这些平板的尺寸和厚度则取决于实验的具体需求。

(四)免疫电泳

免疫电泳技术是基于凝胶电泳和凝胶扩散实验而发展出的一种先进的化学方法。这是一种高度敏感的特异性沉淀反应,每一种抗原都能与对应的抗体发生化学反应,形成一条乳白色的沉淀曲线。该方法不仅能够量化混合物中各个成分的数量,还能通过分析各组分的电泳迁移率、免疫特异性、化学属性以及酶活性等因素,来准确地确定混合物中各成分的特性。

在琼脂板上对待测的可溶性物质(即抗原)进行电泳分离时,由于不同可溶性蛋白质分子的颗粒尺寸、质量和电荷性质的差异,在电场的影响下,这些带电分子的移动速度(即迁移率)呈现出特定的规律性。因此,电泳技术可以有效地将混合物中的各种成分进行分离。电泳过程完成之后,在琼脂板的特定位置挖出一条长槽,并加入对应的抗血清,接着执行双向扩散操作。在琼脂板里,抗原与抗体之间发生了相互扩散。当这两个元素相遇,并且它们的比例是合适的。这导致了不溶于水的抗原与抗体的复合体的形成。呈现出特有的乳白色沉淀曲线。通过观察沉淀弧线的数量,我们可以初步确定混合物中抗原的数目。一个优质的抗血清应该呈现出清晰且具有特异性的沉淀轨迹。抗原和抗体两种反应物的分子质量、比例和扩散速度决定了沉淀弧线的具体位置。在抗原扩散的速度较慢的情况下,沉淀的弧线会呈现出较大的弯曲度,并且它的位置更接近于移动轴。相反,在抗原扩散速度较快的情况下,其弧度会变得更加平坦,并且位置会远离移动轴。

第八章 食品发酵过程中的生物化学

第一节 食品用发酵微生物

一、发酵蔬菜的微生物

(一)发酵白菜及甘蓝

当所有的蔬菜都被浸泡在盐水中,它们会进入微生物的发酵过程,起初可能是异型发酵或产气,随后可能进入同型发酵或不产气的阶段。在发酵的初始阶段,与发酵液中的其他乳酸菌相比,肠膜明串珠菌的生命周期更短,生长和繁殖速度也更快。在这一阶段,异型发酵菌肠膜明串珠菌的数量最为丰富,它们能够代谢蔬菜中的糖分。在自然发酵的过程中,微生物群落的增减模式对于制作出高质量的酸菜具有至关重要的作用。在发酵酸菜的过程中,研究者们成功地分离出了如弯曲乳杆菌、米酒醋杆菌、粪肠球菌、融合乳杆菌、醋酸片球菌和啤酒片球菌等微生物,但这些微生物在发酵过程中的具体功能尚未明确。

(二)发酵黄瓜

在发酵的早期阶段,我们能够分离出众多的细菌、酵母菌以及霉菌。酵母菌的种类繁多,包括异常汉逊氏酵母、亚膜汉逊氏酵母、拜耳酵母、德氏酵母、罗斯酵母、霍尔母球拟酵母、炼乳球拟酵母、易变球拟酵母、氧化性酵母有假丝酵母、德巴利氏酵母、毕赤氏酵母、红酵母属以及耐渗透压酵母;主要的乳酸菌包括啤酒片球菌、短乳杆菌以及植物乳杆菌。

(三)发酵橄榄

橄榄的发酵过程与圆白菜和黄瓜的发酵有所区别,其中酵母菌是橄榄发酵过程中的主导微生物。在橄榄被盐水浸泡的早期阶段,存在多种微生物,其中包括革兰氏阴性的好氧菌,例如黄杆菌和气单胞菌,当然也有一些霉菌存在。在发酵的初始阶段,如大肠杆菌和柠檬酸杆菌这样的兼性微生物在最初的2天内生长得非常旺盛,同时也存在如四链球菌和乳球菌这样的乳酸菌。

当pH值下降至4.5时,发酵过程进入了第三个阶段,并会持续直到所有的发酵成分都被消耗完。在这个阶段,主导微生物主要是植物乳杆菌,同时也存在着少量的德氏乳杆菌和大量的酵母。发酵性酵母菌有能力生成乙醇、醋酸乙酯和乙醛等多种风味成分,同时,这些微生物生成的代谢物也有助于植物乳杆菌的生长。参与发酵过程的主要酵母种类包括:异常汉逊氏酵母、克鲁丝假丝酵母、薛瓦酵母、近平滑假丝酵母以及亚膜汉逊氏酵母。

此外,盐溶液为乳酸菌创造了一个优越的生长环境。在这个溶液里,我们可以找到如葡萄糖、果糖和麦芽糖这样的可溶糖。此外,该溶液还包含了抗生素酚类、水解和非水解的橄榄苦素,这些成分共同决定了发酵过程中微生物的种类。橄榄在经过碱处理后,其发酵初期的微生物数量减少,而pH值则上升到了7.5~8.5的范围,这与其他发酵蔬菜有所不同。同时,通过碱处理和水洗溶液的应用,橄榄中的糖分被有效地去除,从而减少了可供利用的糖分含量。在橄榄的发酵过程中,乳酸菌的种类与其他蔬菜的发酵菌种非常相似,但在发酵过程中,同型发酵菌的作用明显超过了产气菌。

二、发酵肉品的微生物

目前,应用于肉制品发酵剂的微生物主要包括细菌、酵母菌和霉菌,它们对发酵肉制品品质的形成起到了各自不同的作用。

(一)细菌

目前,发酵肉制品生产中应用较多的细菌包括乳杆菌属、片球菌属和微球菌属等属的部分菌种。

1. 乳杆菌

乳杆菌在肉类的自然发酵过程中起到了主导作用。它在肉的发酵过程中主要负责将碳水化合物转化为乳酸,这有助于降低 pH 值,促进蛋白质的变性和分解,从而改善肉制品的组织结构,提升其营养价值,并最终形成具有良好风味的发酵酸味。

2. 片球菌

片球菌是最初被用作发酵肉品生产中的发酵剂的微生物,它在发酵肉品中的应用也相当广泛。片球菌可以通过葡萄糖发酵生成乳酸,但它不能利用蛋白质或还原硝酸盐。最初使用的是啤酒片球菌,但随后广泛应用的是乳酸片球菌和戊糖片球菌。

3. 微球菌

微球菌在发酵过程中产生酸的速度相对较慢,其主要功能是还原亚硝酸盐并生成过氧化氢酶。这样可以帮助肉类更好地变色,加速过氧化物的分解,提升产品的颜色,减缓其酸败过程,同时也能通过分解蛋白和脂肪来增强产品的口感。变异微球菌是肉制品发酵过程中的主导微球菌种。

(二)霉菌

霉菌具有高度发达的酶系和强大的代谢功能。在我国,使用霉菌进行发酵的肉品相对较少,但在欧洲,霉菌发酵的香肠和火腿却非常普遍。传统的发酵肉品表面上的霉菌不是通过人工接种产生的,而是直接来源于其周边环境。

在肉制品的发酵过程中,主要使用的霉菌是青霉,其中包括产黄青霉和纳地青霉等,同时也有关于白地青霉和娄地青霉在发酵肉制品生产中成功应用的实践经验。在肉制品的发酵过程中,霉菌的主要功能是通过高效的酶系统来分解蛋白质和脂肪,从而生成独特的风味成分;霉菌属于好氧菌类别,它拥有强大的过氧化氢酶活性,能够通过消耗氧气来抑制其他好氧腐败菌的增长,同时还能避免氧化褪色和降低酸败的风险;在发酵肉制品中，霉菌主要集中在肉的表面和紧密接触的下层。这些霉菌在肉品上生长，它们的菌丝在肉品表面形成了一层"保护膜"，这不仅降低了肉品被杂菌感染的风险，还有助于控制水分流失，避免肉品出现"硬壳"的情况，为发酵肉制品提供了独特的组织结构。更为关键的是，霉菌还能为肉制品提供阻氧和避光的功能。

(三)酵母菌

在发酵肉品中，酵母菌是经常被使用的微生物种类。汉逊氏巴利酵母和法马塔假丝酵母是制作发酵香肠时经常使用的酵母种类。它的核心功能是在发酵过程中逐步减少肉品的氧含量，从而降低肉的 pH 值并抑制其酸败现象；通过分解脂肪和蛋白质，可以生成多肽、酚和醇类化合物，从而优化产品的口感并减缓其酸败过程；生成过氧化氢酶有助于防止肉品因氧化而发生变色，这对于保持发色的稳定性是有益的。除此之外，酵母菌在某种程度上也有助于抑制金黄色葡萄球菌的增长。

在法国，存在一种特殊的发酵香肠，它是通过在香肠上接种酵母菌并促使其生长，从而让香肠的外观呈现出一种"白色"的外观，这种香肠是当地居民非常喜欢的地方特色食品。这类酵母有助于增强发酵肉的香味指数。毫不夸张地说，酵母菌在很大程度上塑造了发酵肉制品的最终香气。在发酵的过程中，酵母菌会消耗肉类中的剩余氧气，这有助于抑制其酸败。同时，酵母菌还具有分解脂肪和蛋白质的功能。经过一系列的化学反应，肉制品会呈现出酵母味和酯香的风味，这也有助于保持其色泽的稳定性。这类酵母不仅具有还原硝酸盐的能力，同时也对微球菌和金黄色葡萄球菌的硝酸盐还原能力表现出轻度的抑制效果。近期的研究发现，金华火腿中确实含有酵母，但目前还没有进行详细的分类研究。

(四)放线菌

灰色链球菌是自然发酵肉中唯一的放线菌，据说可提高发酵香肠的风味。在未经控制的天然发酵香肠中，链霉菌的数量甚微，因为其不能在发酵肉品环境中良好生长。

三、发酵豆制品的微生物

（一）酱油发酵中的微生物

酱油的酿造过程涉及利用微生物产生的多种酶对原材料进行水解。其中，蛋白酶将蛋白质转化为氨基酸，而淀粉酶则将淀粉转化为葡萄糖。经过一系列复杂的生物化学反应，酱油的颜色、香气、口感和形态都发生了变化。

（二）腐乳发酵中的微生物

在腐乳的生产过程中，需要人工添加的微生物种类包括毛霉、根霉、细菌、米曲霉、红曲霉和酵母菌等。腐乳的早期培养是在开放的自然环境中完成的，这使得外部的微生物很容易入侵。此外，在配制腐乳的过程中，还会带入大量的微生物，因此腐乳发酵所涉及的微生物种类是相当复杂的。

（三）豆酱发酵中的微生物

在发酵酱类中，主导的微生物包括米曲霉、酵母、各种细菌以及乳酸菌。在发酵的全过程中，米曲霉这一微生物与原料的使用效率、发酵的成熟速率、最终产品的颜色深浅以及口感的美味度有着直接的联系，而酵母菌和乳酸菌则是与风味有直接联系的微生物。

四、发酵乳制品的微生物

（一）酸乳发酵中的微生物

在发酵乳的生产过程中，经常使用的微生物主要分为嗜温菌和嗜热菌两大种类，而根据这两种微生物的种类，发酵剂可以进一步分类为嗜温发酵剂和嗜热发酵剂。

（二）干酪发酵中的微生物

在制作干酪的过程中，用于使干酪发酵和成熟的特定微生物培养物被称为干酪发酵剂。根据微生物的种类差异,干酪发酵剂可以被划分为细菌发酵剂和霉菌发酵剂这两个主要类别。此外,还存在一种辅助的发酵添加剂。

第二节　发酵蔬菜制品的生物化学

一、泡菜发酵的生物化学

泡菜的制作过程涉及到一系列生物化学上的复杂变化。总结来说,主要涉及两个方面:首先是食盐在泡渍过程中的渗透效应;其次,在泡渍的过程中,微生物大量地生长和繁衍,以及它们的发酵功能。此外,香辛料也具有一定的功效。

(一)渗透作用

泡菜用盐水通常被称为"酸水",这是一种以食盐为主要成分的水溶液。食盐是一种高强度的电解质,具有很强的渗透性。渗透过程实质上是一种物质交换机制,通过这种物质交换,蔬菜中的水分和气体得以置换,从而让蔬菜细胞能够吸收具有香气和味道的有益成分,并逐渐恢复其膨胀状态。除了食盐,食盐水中还含有糖分和酒精等成分,这些成分都有很好的渗透性,再加上发酵等过程,使得泡菜的口感和保存性得到了增强。

(二)发酵作用

在泡菜的发酵过程中,兼性厌氧菌、乳酸菌和酵母菌的数量会经历一个"升高、最高点、下降"的变化过程。

发酵的初始阶段被称为第一阶段。当原料被放入坛子里后,蔬菜表面携带的微生物会迅速地开始活跃并进入发酵过程。由于溶液的 pH 值相对较高,再加上原料中混入了一定量的空气,一些生长速度较快但对酸敏感的肠膜明串珠菌、片球菌和酵母菌开始利用糖和蔬菜中的溶出液进行生长。

发酵的第二个阶段处于中间阶段。由于乳酸的累积、pH 值的下降以及厌氧环境的出现,植物乳杆菌的同型乳酸发酵过程变得更为活跃。这个时期持续 5～9d,标志着泡菜进入了晚熟的时期。

发酵的第三个阶段是后期。在同型乳酸的发酵过程中,乳酸的累积量可以超过 1.0%,此时已经进入了过酸的状态。当乳酸的含量超过 1.2% 时,植物乳杆菌的数量会受到限制,其数量会减少,发酵的速率也会下降,甚至可能完全停止。

(三)泡菜风味的形成

泡菜的风味生成是一个相当复杂的过程。在泡制蔬菜的过程中,其细胞结构和化学成分经历了一系列的变化,从而形成了泡菜制品独特的质地、颜色、香气和味道。当蔬菜经过泡制处理后,部分原有的香味和风味会消失,而其他一些新的风味则会逐渐形成。在蔬菜泡制的过程中,与风味生成相关的主要变化可以从几个关键方面来观察:

1. 因发酵作用而形成的风味

泡菜的发酵过程主要是乳酸发酵,同时也会有少量的乙醇发酵和少量的醋酸发酵。发酵后产生的物质包括乳酸、醋酸以及其他有机酸和乙醇等。这些物质不仅具有防腐效果,还为泡菜带来了清新的口感和香气。另外,有机酸与醇能够进行化学反应,生成带有多种芳香味道的酯类化合物。

2. 蛋白质水解形成香气和鲜味

在泡菜的制作过程中,特别是在泡制的中期和后熟阶段,蛋白质会在微生物和泡菜内部蛋白酶的催化下逐渐转化为氨基酸。这一转变不仅是泡菜生产过程中非常关键的生化过程,也是泡菜产品能够呈现出独特的色泽、香气和风味的主要因素。某些氨基酸天生就带有一种鲜美和甜美的味道,当与其他化学物质结合时,可能会产生更加复杂的物质,而泡菜的颜色、香气和口感很大程度上与氨基酸的变化密切相关。

3.糖苷类物质降解产物和某些有机物形成的香气

某些蔬菜中包含了糖苷成分,给人带来了苦涩的口感。在发酵的过程中,某些物质会分解生成带有特定香气的物质,例如十字花科蔬菜中的芥子油,在腌制时会分解为带有独特香味的芥子油。

4.泡制过程中吸附的佐料香气

研究表明,与老盐水发酵的泡菜和直投式功能菌剂发酵的泡菜相比,自然发酵的泡菜的主要风味成分有很大的差异,而老盐水发酵的泡菜和直投式功能菌剂发酵的泡菜的主要成分是相似的。与其他种类的泡菜相比,直投式功能菌剂发酵的泡菜中乙偶姻这一具有不良气味的成分相对较少。

二、腌菜发酵中的生物化学

当蔬菜经历食盐的腌制过程时,细胞内的可溶性物质会因渗透压的影响而从蔬菜组织中渗透出来,进而被微生物和酶所利用,触发一系列生化反应,这些反应最终导致蔬菜在外观、质地、风味和组织结构方面发生变化。随着细胞内水分的渗透,蔬菜的体积逐渐缩小,与此同时,盐卤也渗透到菜内,将组织内的空气排出,使得蔬菜的质地变得更加紧密和半透明,从而在加工过程中不容易断裂。在腌制的全过程当中,发酵过程占据了主导地位。对于各类腌制食品,除了因盐的过量导致发酵中断外,通常还会进行不同程度的乳酸发酵,并同时进行醋酸、酒精、丁酸的发酵,以及糖、淀粉和蛋白质等物质的分解。在这些发酵过程中,乳酸发酵起到了主导作用。通过乳酸发酵技术,不仅可以提升腌制食品的口感,还能有效地延长其保存期限;乙醇发酵产生的酒精可以与发酵产物中的酸性物质反应生成酯,这使其成为腌制品香气的主要来源之一;在蔬菜腌制的过程中,醋酸发酵也会生成微量的醋酸和其他挥发性酸,这对于提升腌制品的口感和延长其保存期限具有积极影响;丁酸的发酵过程以及腐败菌、有害酵母和霉菌的活动都会对腌制过程产生不良影响。蔬菜的化学结构因为发酵和生化两种作用的综合效应,经历了一连串的转变。

(一)糖与酸的互相消长

经过发酵处理的一般发酵性腌制品,其糖分含量会减少,而酸度则会相应地增加。在非发酵性的腌制产品中,酸的含量几乎保持不变,而糖的含量则呈现出两种不同的变化:一部分糖分会扩散到盐水中,导致糖的含量减少;由于酱菜和糖醋渍菜在腌制过程中添加了大量的糖,其糖分含量有了显著的提升。

(二)含氮物质的变化

发酵腌制食品中的氮含量显著下降。在非发酵性腌制品中,氮的含量会发生两种变化:例如,咸菜(盐渍品)的部分蛋白质在腌制时被浸出,导致其氮含量下降;酱菜的蛋白质含量上升是因为酱内的蛋白质被浸泡在菜内。

(三)维生素的变化

在腌制的过程中,维生素 C 会因为氧化而显著减少。通常,腌制时间越长,盐的使用量越大,产品暴露在盐卤表面的空气越多,产品冻结和解冻的次数越多,维生素 C 的损失就越大。在腌制蔬菜的过程中,其他维生素的含量相对稳定,变动不明显。

(四)水分的变化

在湿态发酵的腌制产品中,水分的含量几乎保持不变;半干态的发酵腌制食品中的水分含量有了显著的下降;与新鲜蔬菜相比,非发酵性盐渍品的水分含量有了明显的下降;在糖醋腌制的产品中,水分的含量几乎保持不变。

(五)矿物质的变化

腌制后的蔬菜中灰分的含量有了明显的增加,钙在各种矿物质中的含量也有所上升,而磷和铁的含量则有所下降;在酱菜里,各种矿物质的含量都得到了显著的增加。

第三节　发酵肉品的生物化学

一、肉发酵成熟过程中的生物化学变化

(一)发酵肉制品的颜色形成

发酵后的香肠往往展现出吸引人的玫瑰红色外观,这种颜色变化的机制与其他含有亚硝酸盐的肉品是一致的。一个显著的区别是,发酵香肠在低 pH 环境下有助于亚硝酸盐转化为 NO,这些 NO 与肌红蛋白结合后形成亚硝基肌红蛋白,这使得肉制品展现出鲜艳的红色。

肌肉的红色是由肌红蛋白和血红蛋白共同决定的。如果肉在空气中存放时间过长,它会变成褐色,这是因为肌红蛋白被氧化成变性肌红蛋白,通常需要添加硝酸盐和亚硝酸盐来稳定颜色。在肉类中,亚硝酸盐能够与仲胺类化合物发生反应,形成 N—亚硝基化合物。这种化合物不仅具有致癌和致畸的特性,而且与脑瘤和胃肠道的癌变有着紧密的联系。因此,大量关于替代亚硝酸盐的研究被激发出来。尽管许多研究都在探讨各种物质如何替代亚硝酸盐,但微生物发酵法作为替代亚硝酸盐的方法是一个相对较新的研究方向。

(二)发酵肉制品的风味形成

风味被视为评估肉品质量的关键因素,它主要涵盖了味道和香气这两个维度。肉的味道是由其内部的味道物质所决定的,例如无机盐、游离氨基酸、小肽、肌苷酸以及核糖等核酸的代谢产物;香味主要是由肌肉在受热时释放的挥发性风味成分,例如不饱和醛酮、含硫化合物和一些杂环化合物,共同形成的。风味成分涵盖了挥发性与非挥发性的风味化学物质。发酵肉品的成熟时间越长,除了乳酸菌以外的微生物活性就越强,同时具有低感官阈值的挥发性物质的数量也越多。发酵肉品的独特风味主要源于三个关键因素:首先是添加到香肠中的盐和香辛料,其次是脂肪的

自然氧化等非微生物直接作用,最后是微生物酶对脂肪、蛋白质和碳水化合物形成的风味物质的降解。

1. 碳水化合物降解

在风干肠的肉馅制作完成不久之后,碳水化合物的代谢过程便开始了。通常,在发酵的过程中,约有50%的葡萄糖经历了代谢,其中约74%转化为有机酸,主要是乳酸,但也伴随着乙酸和少量的丙酮酸等中间生成物。

2. 脂肪的分解和氧化

在发酵肠中,脂肪是主要的化学成分之一。脂肪分解是一个过程,其中中性脂肪、磷脂和胆固醇在脂肪酶的催化下进行水解,生成游离脂肪酸,这一过程在发酵肠的成熟过程中起到了主导作用。当前,关于脂肪分解的机制,学术界仍存在不少争论。有研究者指出,细菌内部的脂肪酶在脂肪酸的释放过程中扮演着关键角色,而乳杆菌和脂分解微球菌则具有分解短链脂肪酸甘油酯的能力;一些学者的研究表明,细菌产生的脂肪酶和体内产生的脂肪酶是主导脂肪分解过程的关键因素。无论脂肪酸是如何释放出来的,它始终是一种关键的风味成分。那些碳链长度不超过5的短链脂肪酸会产生刺激性的烟熏味,这与油脂的酸败过程是密切相关的;具有5~12碳链长度的中性脂肪酸带有肥皂般的气味,但对其口感的影响相对较小;长碳链长度超过12的长链脂肪酸对食物的香气没有明显的不良影响,但却可能对食物的口感造成不良影响。然而,香肠中的微生物群落有能力进一步将其分解为羰基化合物和短链脂肪酸,从而生成能够增强香肠理想香气的成分。

3. 含氮化合物代谢

在蛋白质的分解过程中,主要是由肉中的内源酶进行调节,例如钙激活蛋白酶和组织蛋白酶。微生物在非蛋白氮的构成以及各种游离氨基酸的相对含量上起到了显著的作用。在对易变小球菌、戊糖片球菌和乳酸片球菌这三种不同的发酵剂进行比较后发现,戊糖片球菌生成的非蛋白氮数量是最多的。不同的菌种会生成各自不同的氨基酸,这可能是因为不同的菌种在生长过程中需要不同种类的氨基酸。

二、发酵肉制品中微生物作用

在肉制品发酵剂中使用的微生物主要包括细菌、酵母以及霉菌。考虑到各种微生物的功能,乳酸菌类主要负责产生乳酸,这可以抑制病原微生物的增长和毒素的生成。微球菌类与葡萄球菌类都拥有出色的亚硝酸分解能力,这有助于增强香肠的口感。酵母的主要作用机制是通过消耗氧气、抑制酸败过程、降解蛋白质和脂肪等物质,从而优化产品的口感、减缓酸败速度,生成过氧化氢酶,并防止肉制品发生氧化和变色,这有助于保持其颜色的稳定性。除此之外,酵母菌在某种程度上也有助于抑制金黄色葡萄球菌的增长。霉菌的主要作用机制是通过消耗氧气来抑制其他好氧腐败菌的增长,同时也能防止氧化褐色和减少酸败现象。其菌丝在肉制品表面形成一层"保护膜",这不仅降低了肉品被杂菌感染的风险,还有助于控制水分流失,从而赋予肉品一种独特的外观。然而,如果微生物的控制方法不恰当,发酵肉品也可能出现腐败现象。

第四节　发酵豆制品的生物化学

一、酱油发酵中的生物化学

在酱油的酿造过程中,制曲的主要目标是促使米曲霉在基质中迅速生长和繁殖。在发酵过程中,米曲霉会利用其分泌的多种酶,尤其是蛋白酶和淀粉酶,其中蛋白酶主要分解蛋白质为氨基酸,而淀粉酶则分解淀粉为糖类物质。当酵母和细菌在制曲和发酵的过程中从空气或其他媒介进入并繁殖时,它们也能产生各种不同的酶。例如,在发酵的过程中,酵母菌会生成酒精,而乳酸菌则会发酵乳糖以产生乳酸。酱油制造的核心过程涉及微生物的逐级培养、酶的积累、原料的分解以及酱油成分的合成。在酱油的生产过程中,微生物的生理和生化属性不仅影响酱油的颜色、香气和口感,而且对原料的使用效率和食品的安全性也起到了关键作用。

(一)酱油原料的分解代谢

1.蛋白质分解作用

在分解蛋白酶的过程中,我们还需密切关注水解结束后可能出现的氧化情况,这是因为曲的品质不佳,细菌污染导致的不正常发酵,即蛋白质的腐败。在腐败过程中,首先会形成中间产物,接着这些中间产物进一步转化为氨基酸,然后氨基酸继续分解生成游离氨和胺,这都会对最终产品的品质产生不良影响。

2.酸类发酵

乳酸是由乳酸菌通过葡萄糖的发酵过程产生的。乳酸菌还有能力通过使用阿拉伯糖和木糖等五碳糖进行发酵,从而产生乳酸和醋酸。琥珀酸可能是通过 TCA 循环生成的,或者是通过谷氨酸的氧化作用生成的,而葡萄糖也有可能通过醋酸菌的氧化作用转化为葡萄糖酸。在发酵的过程当中,米曲霉释放的解脂酶负责将油脂分解为脂肪酸和甘油。这些有机酸不仅是酱油中的关键呈味成分,同时也构成了其香气的核心部分。

3.酒精发酵

酒精的发酵过程主要受到酵母的影响。当曲被放入池中后,它的繁殖状况会受到发酵温度的影响。在 10℃ 的温度下,酵母菌只进行繁殖而不进行发酵,而在大约 30℃ 的温度下,酵母菌的繁殖和发酵最为适宜,但在 40℃ 或更高温度时,酵母菌开始自我消化。因此,发酵过程应当在中到低温环境中进行,以便酵母菌能够分解糖分,进而产生酒精和二氧化碳。生成的酒精中,部分会被转化为有机酸,而另一部分则会挥发并散失。此外,它还会与氨基酸和有机酸结合成酯,并在酱醅中留下微量残留,这与酱油的香气生成有着密切的联系。高温快速酿造的酱油之所以失去了酱油的香味,主要是由于其发酵温度较高、时间较短以及酒精发酵作用较弱。在固态低盐的后熟发酵过程中,如果加入鲁氏酵母和蒙奇球拟酵母,那么会生成酒精、异戊醇、异丁醇以及多种有机酸,这有助于显著提升酱油的香味。显然,在发酵过程中,合适的酵母菌增殖和酒精发酵显得尤为关键。

(二)酱油色素形成的生物化学

1.非酶褐变反应

酱油中的色素主要是通过非酶性的褐变反应生成的。在酿造的整个过程中,原材料经历了制曲和发酵步骤,然后通过蛋白酶将其分解成氨基酸;淀粉被水解成糖,这些糖与氨基酸结合后会发生美拉德反应,导致褐变现象。随着温度的升高,色素褐变的形成速度也随之加快;随着时间的推移,其颜色会变得更加深沉。

2.酶促褐变反应

酶催化的褐变反应主要发生在氨基酸在有氧环境中,与非酶催化的褐变相比,其产生的颜色更为深沉并呈黑色,例如酪氨酸经过氧化反应转化为黑色素。我们经常可以看到,瓶装酱油在长时间储存后,与空气接触的瓶壁上出现的黑色区域,实际上是由酪氨酸发生的氧化褐变引起的。酱醅中的氧化层主要是由酶催化的褐变反应生成的。

在特定的环境条件下,发酵拌盐水量的多少与水解率和原料的利用效率有着密切的关联。使用较少的拌盐水可以使酱醅具有更高的黏稠度和更快的品温上升,这对于提升酱油的色泽具有显著的促进效果,但这也可能对水解率和原料的利用效率产生不利影响;当盐的添加量增多时,酱油的温度上升会变得缓慢,颜色也会变淡,但这有助于提高原材料的使用效率。

(三)酱油香气形成的生物化学

酱油所散发出的香味是衡量其最终品质好坏的关键因素之一。酱油所散发出的香味,很大程度上是由其原材料、微生物的发酵过程以及在化学反应中形成的复杂物质所决定的。除了乙醇、高级醇、有机酸和酯类,还包括羰基化合物、缩醛类化合物和含硫化合物。

简而言之,酱油所含的香味成分涵盖了醇、酮、醛、酯、酚和含硫化合物等,这些都是由大豆和小麦中的氨基酸、碳水化合物、脂肪等通过曲霉分解或通过耐盐酵母、耐盐乳酸菌发酵得到的。

(四)酱油五味形成的生物化学

高品质的酱油应当具有鲜美、浓郁和和谐的口感,而不是带有酸味、苦味或涩味。尽管酱油里大约包含了18%的食盐,但这并不能在味觉上凸显其咸味;它包含了众多的有机酸,但其酸味并不明显;它包含了众多的氨基酸,因此应该强调其鲜美的口感;它包含了众多的醇类,但并不能凸显其独特的酒香;这款酱油含有丰富的酯类、酚类和醛类化合物,而且不会产生不良的气味,这正是五味调和的理想选择。

1. 甜味

酱油的甜味主要是由多种糖类成分构成,包括但不限于葡萄糖、果糖、阿拉伯糖、木糖、麦芽糖和异麦芽糖等。此外,像甘氨酸、丙氨酸和丝氨酸这样具有甜味的氨基酸,对于酱油的甜味也起到了显著的促进作用。酱油的含量会因其品种和原材料的比例而有明显的不同。在酱油的发酵过程中,淀粉质成分分解后会转化为糖类物质。因此,为了增强酱油的甜味,需要适当提高淀粉类成分的比例,同时一些多元醇,如甘油和肌醇,也会具有甜味。大豆里的糖分,例如棉籽糖和水苏糖,在经过加热和酶的水解作用后,都可以被转化为葡萄糖。小麦里的淀粉和戊糖,在经过酶的水解作用后,也能转化为葡萄糖。

2. 咸味

酱油里的咸味是由其内部的食盐所决定的。在成品中,盐的含量通常约为18%。由于酱油含有丰富的有机酸和氨基酸,这使得其咸味并不那么浓烈。但随着酱油逐渐成熟,肽和氨基酸的含量逐渐增加,使得咸味变得更为温和。如果再加入甜味剂或味精,咸味会得到一定的缓解。酱油所带来的浓烈咸味可以激发人们的味蕾,并提高他们的食欲。

3. 苦味

通常,普通的酱油在品尝时不会有苦味,但如果在发酵时产生的谷氨酸较少,那么就可能会出现苦味。苦味主要来源于两个方面:首先是某些带有苦味的氨基酸、肽,以及在酒精发酵过程中生成的某些苦味成分,例如带有苦杏仁味的乙醛。通常,在发酵的早期阶段,会出现苦味成分,但随着水解过程的推进,这种苦味会逐步减少,从而增强了食物的鲜味,最终形成一种和谐的口感。第二个问题是食盐中的不纯成分导致的苦涩口感。食盐中含有氯化镁、氯化钙等氯化物,这些氯化物都具有一定程度的苦味。因此,在使用食盐的过程中,应尽量选用高质量的盐或陈年的盐,以防止苦味过强,从而影响酱油的口感和风味。

4. 鲜味

酱油的鲜味成分几乎全部由大豆蛋白及小麦蛋白质分解而得,主要是氨基酸和肽,还有少部分是来自葡萄糖生成的谷氨酸。

二、腐乳发酵中的生物化学

腐乳是一种以大豆作为基础原料,通过一系列的加工步骤如磨浆、制坯、培菌和发酵,最终制成的用于调味和佐餐的食品。腐乳是一种营养丰富的食品,含有大量的蛋白质和其分解后的产物,如多肽和二肽等,而且不含有胆固醇,因此在欧美等地被誉为"中国干酪"。

(一)腐乳发酵时的生物化学变化

腐乳发酵是一种在豆腐坯上培养的微生物与腌制过程中受到外部微生物侵入的共同作用,将蛋白质转化为可溶性的低分子含氮化合物,并通过淀粉糖化和糖分发酵得到乙醇等醇类物质和有机酸。此外,辅助材料中的酒和添加的各种香辛料也共同参与了复杂酯类的合成,最终形成了腐乳独特的颜色、香气、味道和形态,使得最终产品变得细腻、柔软和美味。在制豆腐坯(也被称为白坯)、前期的培菌(即发酵)以及后期的发酵这三个步骤中,生物化学的变化尤为明显。

腐乳发酵过程中的生物化学变化不仅体现在蛋白质和氨基酸的增减上,而且蛋白质被水解为氨基酸,这一过程不只是在后期发酵阶段进行,而是从最初的培菌阶段开始,经过腌制和后期发酵,每一个步骤都在经历变化。在毛霉菌的前发酵作用下,由毛霉菌等微生物分泌的蛋白酶促使豆腐坯中的蛋白质部分水解并溶解,这导致可溶性蛋白质和氨基酸的含量都有所上升,其中水溶性蛋白质的增长速度远超过氨基酸态氮的增长速度。当发酵过程结束后,大约只有40%的蛋白质可以转化为水溶解的形态,而剩下的蛋白质在经过部分水解后,尽管不能完全溶于水,但由于它们的存在状态发生了变化,所以在口感上给人一种细致、柔软和糯滑的感觉。

在腐乳的发酵过程中,我们成功地去除了对人体有害的溶血素和胰蛋白酶抑制物。同时,在微生物的作用下,大量的核黄素和维生素被产生,从而提高了腐乳的营养价值。

(二)腐乳色香味形成的生物化学

1. 色

红腐乳的外观是红色的;白腐乳的内外颜色是一致的,可以是黄白色或者是金黄色;青腐乳的颜色是豆青色或者青灰色;酱色腐乳的内部和外部颜色是一样的,都是棕褐色的。

腐乳的颜色是由两个主要因素决定的:首先,添加的添加剂决定了腐乳最终产品的颜色。例如,在红腐乳的生产流程中,加入了含有红曲和红色素的成分;在酱腐乳的制作过程中,大量的酱曲或酱制品被添加进去,这导致最终产品的颜色因酱制品的变化而转变为棕褐色。第二个原因是在发酵的过程中,发生了由生物氧化引起的反应。大豆内部含有一种可以溶解在水中的黄酮色素。当进行磨浆处理时,这种色素会在水中溶解。而在点浆过程中,凝固剂会使豆浆中的蛋白质发生凝结,导致少量的黄酮类色素与水分共同被包裹在蛋白质的凝胶中,从而呈现出黄色的外观。在汤汁里,腐乳的氧化过程相对困难。在长时间的后期发酵过程中,受到毛霉、根霉以及细菌氧化酶的影响,黄酮类的色素逐步受到氧化,导致成熟的腐乳展现出黄白或金色的外观。为了让成熟的腐乳展现出金黄色的外观,建议在早期的发酵过程中让毛霉或根霉变得更加成熟。腐乳在离开其汁液后会逐步变得黑色,这主要是由于毛霉或根霉中的酪氨酸酶在空气中发生氧化反应,进而聚合生成黑色素。为确保白腐乳的颜色不变黑,我们应当努力不让其脱离汁液并在空气中曝露。某些工厂在进行后期发酵时,会用纸覆盖腐乳的表面,并用腐乳的汁液来密封它。当发酵完成后,他们会取出纸或添加食用油脂作为封面,以减少腐乳与空气的直接接触。青腐乳的主要颜色来源于含有硫的化合物,例如豆青色的硫化钠等成分。

2. 香

腐乳所散发出的香味主要是由酯、醇、醛以及有机酸等成分构成的。白腐乳以茴香脑为其主要的香味来源,而红腐乳则以酯和醇为其核心香气元素。腐乳的香味是在发酵的后期形成的,形成这种香气主要依赖两个途径:一个是生产过程中添加的辅助材料对风味的贡献,另一个是参与发酵的各种微生物的共同作用。

腐乳的发酵过程主要是由毛霉或根霉胰蛋白酶驱动的,但这一生产活动是在一个开放的自然环境中完成的。在后续的发酵阶段,加入了大量的添加剂,这导致了微生物的引入,使得参与腐乳发酵的微生物种类变得异常复杂。这批微生物,如霉菌、酵母和细菌,在它们生成的复杂酶系统的催化下,生成了多种醇、有机酸、酯、醛、酮等化合物,这些化合物与添加的香料共同形成了腐乳独有的香味。

3. 味

腐乳的风味是在发酵的后阶段形成的。味道的产生主要来源于两个方面:首先是由添加的辅助材料带来的味道,例如咸、甜、辣和辛辣的味道等;还有一种鲜味是由参与发酵过程的多种微生物共同作用产生的,例如腐乳中的鲜味主要是由蛋白质水解生成的氨基酸所形成的钠盐,其中,谷氨酸钠被认为是鲜味的关键成分。

4.体

腐乳主要呈现在两个层面上：首先是维持其特定的块状结构；其次，这块完整的块体内部展现出了柔滑细腻的触感。在腐乳的早期培养阶段，毛霉的生长表现出色，菌丝的生长非常均匀，能够形成坚固的菌膜，从而完整地包裹住豆腐坯。在较长的后期发酵过程中，确保豆腐坯不会碎裂或腐烂，直到产品完全成熟，其块形仍然保持原状。在发酵的早期，蛋白酶会在后期将蛋白质转化为氨基酸。但是，如果蛋白质的分解率太高，固形物的分解就会过多，这会导致腐乳失去其结构，变得柔软，难以塑形，也无法保持其原始形态。与此相反，如果腐乳中的蛋白质被水解得太少，固体物质的分解也太少，那么尽管腐乳的形态保持完好，但其质地可能会偏硬、粗糙、不够细腻，并且口感也会受到影响。细菌型腐乳由于缺乏菌丝体的覆盖，因此其成型效果并不理想。

三、豆酱发酵的生物化学

(一)蛋白质的分解作用

在酱醅的整个发酵过程中，以蛋白质的分解最难，时间也最长。蛋白质的分解是在蛋白酶的催化作用下，由分子较大的蛋白质逐步降解成腺、多肽和氨基酸。

(二)淀粉的糖化作用

在制曲完成后的原料和糖化后的糖浆中，仍有一部分碳水化合物没有完全糖化。在发酵的过程当中，我们持续地使用微生物释放的淀粉酶，将剩余的碳水化合物转化为葡萄糖、麦芽糖以及糊精等物质。经过糖化过程产生的单糖类中，除了葡萄糖，还包括果糖和五碳糖。

(三)酒精的发酵作用

酒精的发酵过程主要受到酵母菌的影响。在制造过程中，尽管没有人为地加入酵母菌，但在制曲和发酵阶段，大量酵母菌从空气中释放出来，从而起到酒精发酵的效果。酵母菌在28～35℃的温度范围内进行繁殖和发酵是最佳的，但当温度超过45℃时，酵母会自然消失。因此，如果使用高温发酵方法，酵母的生长会受到抑制，导致酒精的生成量大大减少,从而使得酱的香味变得淡薄,口感也不佳。

四、发酵豆制品的微生物腐败

(一)肉毒素

在豆豉、豆瓣酱、臭豆腐等经过发酵的豆类食品中,经常可以检测到肉毒素的存在。发酵豆制品通常是通过自然接种来制曲的,而厌氧发酵和非加热处理的后熟过程为低酸发酵的豆豉、豆腐乳、豆酱中可能存在的肉毒菌孢子提供了发芽、生长并产生毒素的环境。由肉毒菌生成的可溶性神经外毒素具有极高的毒性,尤其是 A 型毒素,这种毒素是无色、无味和无臭的,并且是通过食物传播的,因此食用后的致死率相对较高。

(二)"臭笼"

在豆类发酵制品的生产过程中,由于工艺管理不当,接种后的菌种无法良好生长并产生杂菌污染,这导致发酵坯产生了不良的气味,不得不暂停发酵,这种情况在生产中被称为"臭笼"。在腐乳的生产过程中,"臭笼"现象较为常见。由于接种时的菌液量超标,导致豆腐坯的表面水分过多。在高温季节,这种情况容易导致杂菌感染,从而使豆腐坯变得黏稠,进一步影响毛霉的生长。此外,由于冷却速度过快,豆腐坯在内部过热而外部过冷,表面会出现"浮水"现象,这也增加了感染杂菌的风险。同时,由于散热不均匀,上部过冷而下部过热,这不利于接种菌种的生长。为了避免这种被称为"臭笼"的情况,关键是要通过精细的工艺管理和控制,特别是在散热和水分这两个关键环节上,同时也要确保生产环境的清洁和卫生,以减少杂菌的出现。

第五节　发酵乳制品生物化学

一、酸乳发酵的生物化学

现阶段,工业化生产主要依赖以乳酸菌为核心的特定微生物作为发酵剂,将其接种到经过杀菌处理的原料乳中。在特定的温度条件下,乳酸菌开始增殖并转化为乳酸。这一过程还伴随着一系列生化反应,导致乳中发生化学、物理和感官上的变化,从而赋予发酵乳独特的风味和质地。

(一)酸乳发酵中主要成分的代谢

1.乳糖代谢

在酸乳的发酵过程中,乳酸菌使用原料乳中的乳糖作为其生长和繁殖的能量来源,最终将碳水化合物转化为有机酸。例如,牛奶在经过乳酸发酵后会转化为乳酸,这会导致乳中的 pH 值下降,进而加速酪蛋白的凝固过程,最终产品会形成均匀且细腻的凝块,并呈现出优良的口感。在乳酸菌的生长过程中,它产生的各种酶能够将乳糖转变为乳酸,并同时产生半乳糖,此外还会生成寡糖、多糖、乙醛、双乙酰、丁酮和丙酮等多种风味成分。此外,乳清酸和马尿酸的含量有所下降,而苯甲酸、甲酸、琥珀酸和延胡索酸的含量则有所上升。

2.酒精发酵

像牛乳酒和马乳酒这样的酒精发酵乳,是通过使用酵母作为发酵剂,在进行乳酸发酵之后,逐渐分解原料以生成酒精。鉴于酵母菌更适合在酸性环境中成长,所以通常会选择酵母菌与乳酸菌的混合发酵方式。

3.蛋白质和脂肪分解

乳杆菌在其代谢活动中有能力产生蛋白酶,从而实现蛋白质的分解;乳酸链球菌与干酪乳杆菌都具备分解脂肪的特性。当蛋白质进行轻微的水解时,会导致肽、游离氨基酸和氨的含量上升,从而形成乙醛。脂肪经过轻微的水解后,会生成游离的氨基酸。在乳酸菌的脂肪酶作用下,部分甘油酯类会逐渐转变为脂肪酸和甘油,进而对乳酸制品的口感产生影响。

4.矿物质变化

在乳发酵的过程中,矿物质的存在方式发生了变化,其中可溶性矿物盐的含量增加,而分子形态的盐减少,例如钙形成了不稳定的酪蛋白磷酸钙复合体,导致离子的增加。

(二)酸乳风味形成的生物化学

柠檬酸的代谢过程在产生风味上扮演了关键角色,与此相关的微生物有明串球菌属、某些链球菌(例如丁二酮乳酸链球菌)以及乳杆菌。这些能够产生特定风味的细菌有能力分解柠檬酸，从而产生丁二酮、羟丁酮、丁二醇等四碳化合物，以及微量的挥发酸、酒精、乙醛等。所有这些成分都是具有特定风味的物质，其中丁二酮对风味的影响最为显著。然而，风味的浓烈程度会受到菌种种类和培养环境的制约，例如，加入柠檬酸并进行通气培养可以有效地促进风味的形成。

二、干酪发酵的生物化学

干酪是以乳、稀奶油、脱脂乳或部分脱脂乳、酪乳或这些原料的混合物为原料，经凝乳酶或其他凝乳剂凝乳，并排出乳清而制得的新鲜或发酵成熟的产品。

(一)糖代谢

在制作干酪的过程中，必须确保生干酪中的乳糖在相对较短的时期内被完全代谢掉，否则非发酵剂的微生物可能会利用乳糖代谢产生不期望的化学物质，进而影响干酪的口感和质量。此外，对于某些经过特殊处理的干酪，例如意大利的莫扎瑞拉干酪，它们需要经过加热处理。而帕尔玛干酪则需要在水分含量较低的环境中保存。在这种情况下，残留的乳糖会触发美拉德反应，产生不受欢迎的色素物质，从而影响干酪的整体外观。因此，在莫扎瑞拉、瑞士或帕尔玛干酪的制作过程中，将能够代谢半乳糖的乳杆菌加入到发酵剂中，将有助于完全分解干酪中的乳糖或半乳糖，从而提高其产品的质量。

(二)脂肪水解

由于乳酸菌在分解脂肪方面的能力相对较弱，细菌型干酪在脂肪分解方面表现得相当有限。从相对的角度看，像沛科里诺羊乳干酪和波洛夫诺干酪这样的意大利干酪，其脂肪分解的程度相对较高，这主要是因为在其加工过程中所使用的凝乳酶含有脂肪酶 PGE；帕尔玛干酪的成熟周期相对较长，这也导致了脂肪分解的增加。在霉菌制成的干酪中，脂肪降解的现象相当普遍，这主要归因于洛克菲特青霉菌能产生大量活跃的脂肪酶。游离脂肪酸，特别是那些易挥发的短链脂肪酸，有助于提升产品的口感和风味。此外，这些游离脂肪酸还能进一步被转化为各种风味相关的化合物,如甲基酮、酯、硫酯、内酯以及乙醛和乙醇等。

在如切达干酪、荷兰干酪和瑞士干酪这些食品中,低浓度的挥发性短链脂肪酸散发出令人愉悦的香气。然而,如果脂肪水解的量稍微过多,干酪的口感可能会受到影响,甚至可能产生恶臭。与使用巴氏灭菌乳制作的干酪相比,使用生乳生产的干酪展现出更高的脂肪分解效率。这主要是因为生乳中存在一种独特的微生物,这种微生物能够产生大量的耐热脂肪酶。对于由表面霉菌成熟的干酪而言,脂肪分解过程会生成一种特殊的风味化合物,即甲基酮类物质。这种物质是脂肪降解后脂肪酸进行氧化反应的关键产物,因此,脂肪分解对蓝纹干酪的感官品质有着直接的影响。

(三)蛋白质降解

在干酪的成熟过程中,蛋白质的水解作用能够优化干酪的独特组织结构。由于蛋白质的降解可以产生多种氨基酸和短肽等具有特定风味的化合物,这些化合物还可以进一步转化为多种具有宜人芳香的小分子化合物,因此,这对于改善和提升干酪产品的风味和口感是非常重要的。

干酪中负责蛋白质水解的酶主要来自凝乳剂、原料乳、发酵剂中的乳酸菌、非发酵剂乳酸菌和二次发酵剂中的多种微生物,例如丙酸细菌、短杆菌、节杆菌和青霉菌等。在这个过程中,凝乳酶和纤溶酶分别对酪蛋白和巧酪蛋白进行水解,生成大量不溶于水的肽段,然后这些肽段再被乳球菌胞膜蛋白酶水解,生成水溶性的肽段。

蛋白质在代谢过程中产生的氨基酸和某些短肽带有令人愉悦的香气。经过特定酶的作用,这些氨基酸和短肽还能进一步转变为多种具有优良风味的挥发性或非挥发性小分子物质,例如胺类化合物、有机酸、羰基化合物、氨和含硫化合物等。

三、发酵乳制品的微生物腐败

(一)"鼓盖"现象

酸奶杯口的铝箔膜出现隆起的现象被称为"鼓盖",这是酵母污染的典型特征之一,多数是因为厌氧性酵母的污染而引起的。另外,当出现好气酵母污染时,会在酸奶,特别是凝固型酸奶表面出现由酵母生长引起的斑块。从"鼓盖"酸奶中分离出的酵母包括克鲁维氏酵母属、德巴利氏酵母属、红酵母属、毕赤酵母属和头孢酵母属等。由于某些酵母常常在车间设备或墙壁表面附着,同时原料中的酿酒酵母等经巴氏杀菌可能仍然存留,甜的酸奶为这些微生物的生长和代谢提供了十分理想的环境,从而导致酸奶的污染。

(二)发霉及霉菌毒素

尽管某些奶酪在成熟过程中需要霉菌的帮助,但对大部分奶酪来说,霉菌的增长往往是导致奶酪变质和腐败的主要原因。霉菌不仅会损害奶酪产品的外表,还会散发出霉菌的气味,并有可能生成有害的毒素。

(三)斑块及变色

某些霉菌,例如毛霉属、根霉属、曲霉属和青霉属等,在酸奶与空气接触的地方生长后,可能会形成类似纽扣的斑点。此外,在奶酪的成熟室里,交链也霉属、芽枝孢霉属、念珠霉菌、曲霉属、青霉属、毛霉属等多种霉菌经常出现。由于这些霉菌在高水分含量的软质奶酪、农家奶酪和稀奶油奶酪中容易被污染,因此在奶酪成熟的过程中,奶酪的表面很容易因为霉菌的生长而出现斑点和颜色的改变。在硬质奶酪的外层,黑曲霉可能会形成明显的黑色斑点;干酪唇红霉在青纹奶酪的表层造成了红色斑点。某些有色变种的细菌,例如植物乳杆菌和短乳杆菌,有可能在不同种类的奶酪内部生成所谓的"锈斑"。

(四)产气及烂边

在制作和成熟农家奶酪的过程中,大肠杆菌的存在有可能导致腐败性气体的生成,再加上乳酸菌发酵剂自身产生的气体,这些因素共同作用会使凝块上浮,从而可能在最终产品中形成不同大小的孔洞或裂缝。在干酪的成熟过程中,产气问题主要出现。由于污染的不同原因,干酪的产气问题可以分为三个阶段:早期产气、中期产气和晚期产气。气杆菌属和埃希氏杆菌属等微生物是导致干酪早期产气的主要原因,而发酵乳糖的酵母菌也有可能引发干酪早期产气,从而产生水果般的味道;乳酸菌主要在生长的中期阶段开始产气,而某些乳球菌可能会产生一些特殊的异味,例如带有水果味道的丁酸乙酯、己酸乙酯和带有麦芽香气的甲基丁醇等;生孢羧菌和其他羧状芽孢杆菌主要在生长的后期开始产气。

在制作硬质奶酪的过程中,如果奶酪中的水分过多,可能会引发成膜酵母、霉菌和蛋白分解性细菌等微生物的增长,这可能导致奶酪变得柔软、变色,甚至产生异味。这种情况被称为"烂边",可以通过定期翻转来保持表面的干燥,从而避免这种情况。

第九章 食品在加工贮藏中的生物化学

第一节 主要植物性食品原料的化学组成

一、粮油食品原料的化学组成

每种粮油食品的原料都含有多种化学成分,深入了解这些成分的具体含量和分布情况,将有助于我们更有效地加工和利用这些原料。

(一)营养成分

在粮食和油脂种子里,主要的营养成分包括碳水化合物、蛋白质和脂肪。碳水化合物和脂肪是呼吸活动的核心,而蛋白质则主要用于生成结构性的物质。当碳水化合物或脂肪供应不足时,蛋白质可能会通过特定的转化过程转化为满足呼吸需求的物质。

1. 蛋白质

在粮食和油料的籽粒中,大多数蛋白质是储存蛋白,属于纯粹的蛋白质,主要以蛋白质和糊粉粒的形态存在于细胞内,只有极少数的蛋白质是复合蛋白质,主要是脂蛋白和核蛋白。在评估粮食的各种品质(如营养和食用品质)时,蛋白质的质量和数量都是至关重要的因素。

禾谷类种子中的蛋白质主要由醇溶蛋白和谷蛋白组成,其中玉米的醇溶蛋白和稻米的谷蛋白最为突出,燕麦的球蛋白含量最高,这是一个特例;在豆类和油料中,蛋白质的主要成分是球蛋白。小麦的独特之处在于其胚乳中的醇溶蛋白和谷蛋白含量几乎持平。这两种蛋白质可以形成面筋,它们是小麦面筋的主要成分,并对小麦面团的黏弹性起到关键作用。其中,醇溶蛋白与面团的延展性(黏性)密切相关,是导致面包(如馒头)膨胀的关键因素之一,而麦谷蛋白在吸水后与面团的弹性(韧性)也有直接关系。

清蛋白主要由酶蛋白构成,与醇溶蛋白相似,它可以被用作区分小麦和其他粮食作物种类的工具。在大米的储存过程中,球蛋白扮演着至关重要的角色,它不仅对米的营养成分产生影响,同时也与米饭的口感息息相关。

2. 脂类

在粮油食品中,脂质主要分为脂肪和磷脂两大部分,其中脂肪主要以存储状态存在于细胞内,而磷脂则是形成原生质的关键成分。

粮食(也称为谷物)中的脂肪主要可以划分为两大种类:一是淀粉脂,二是非淀粉脂。从淀粉中提取淀粉脂是一项极具挑战性的任务,因为它位于直链淀粉的螺旋状结构内,具有很高的稳定性。只有当淀粉的结构被破坏时,它才能被成功分离,通常的提取方法是使用热正丁酸。还有一种被称为植物油的物质,尽管其浓度相对较低,但它容易分解,这不仅对粮食的储存安全造成威胁,同时也对粮食的食用、蒸煮和烘焙品质产生显著的影响。

通常情况下,低水分的粮食,特别是成品粮食,其脂质分解主要是氧化的,而高水分的粮食则主要通过水解来分解。在正常水分条件下,粮食的两种脂质分解可能会相互影响或同时发生。

稻谷在陈化过程中可能会出现工艺品质的变化,例如碾磨后的米粒硬度和碎米率会发生变化,蒸煮时的体积膨胀率和吸水率会增加,可溶性固形物会减少,稠度会降低,这部分是由于游离脂肪酸的变化引起的。在稻米陈化的过程中,游离脂肪酸的含量逐渐增加,这导致米饭变得更加坚硬,甚至可能产生不正常的气味,从而影响了米饭的流变性质。

在标准的储存环境中,小麦中游离脂肪酸的增加可能会引发粮食的酸败和苦味。粮食中的脂肪在酶的催化下形成了不饱和脂肪甲酯复合物,这种物质具有苦味,这是导致其变得苦涩的主要因素。

3.碳水化合物

碳水化合物是粮油籽粒中的三大贮藏和营养物质之一。存在形式因粮油种类而不同,一般包括两大类:不溶性糖和可溶性糖,前者是主要贮藏形式。

(1)可溶性糖

大部分的粮食和油料种子中,可溶性糖的含量相对较低,通常只占其干物质的 2%~2.5%。其中,蔗糖是主要成分,它主要分布在种子的胚部和外围部分,如果皮、种皮、糊粉层和胚乳的外层,而在胚乳中的含量则相对较低。

(2)不溶性糖

粮油种子中含有多种不溶性糖,如淀粉、纤维素、半纤维素和果胶等,这些糖可以完全不溶于水或吸收水分,从而形成黏性的胶状溶液。

小麦中的淀粉对其在烘焙过程中的品质起到了关键作用。有些人会从小麦粉中提取淀粉,然后用玉米、稻米、高粱、燕麦、马铃薯和黑麦的淀粉来替代它。研究结果揭示,与小麦淀粉相比,添加其他种类的淀粉制成的面包体积更小,并且面包的质量也更差,这表明其他类型的粮食淀粉并不具备小麦淀粉的烘焙特性。研究指出,小麦淀粉的烘焙特性主要涵盖了将面筋稀释至合适的稠度(即面筋的稀释程度);利用酶的功能,为发酵过程提供所需的糖分;提供表面以增强面筋的紧密结合;让气泡膜进行拉伸处理;通过从面筋中吸取水分来固定气泡。

(二)生理活性物质

尽管粮油籽粒中的某些化学成分含量相对较低,但它们能够调整籽粒的生理状况和生化变化,从而增加或减少生命活动的强度。这种化学物质被称为生理活性物质,其中包括酶、维生素和激素。

1.酶

在粮食和油料的籽粒中,生物化学反应是由籽粒内部的有机成分所驱动、调整和管理的,这种过程被称为酶。从其化学构造来看,酶主要由蛋白质组成,而某些酶还包含非蛋白质的成分。非蛋白质部分由金属离子(例如铜、铁、镁)或由维生素派生出的有机化合物构成。由于酶具有对底物和作用的专一性,粮油籽粒中的各种生理和生化变化都是由多种不同的酶共同作用来控制的。在粮食和油料种子中,主要存在以下几类酶。

2. 维生素

油料籽粒和禾谷类籽粒中普遍含有维生素 E(生育酚),这是一种关键的抗氧化物质,它在防止油品氧化方面起到了显著的效果,从而有助于维持籽粒的活力。B族维生素在禾谷类和大豆中的种类繁多,它们的功能和存在位置都是相似的。在禾谷类中,B族维生素主要分布在麸皮、胚和糊粉层。因此,当碾米和制粉的精度提高时,B族维生素的损失也会变得更为严重。尽管维生素 C 在大多数成熟的粮油种子中是不存在的,但在种子的萌发阶段,它会大量生成。

3. 植物激素

植物激素在种子和果实的成长、发展、成熟、储存物质的积累以及促进或抑制种子发芽等方面都有显著的效果。基于激素的生理功能和影响,我们可以将植物激素分类为生长素、赤霉素、细胞分裂素、脱落酸以及乙烯。它们各自拥有独特的属性和功能。

(三)其他化学成分

1. 色素

色素不只是衡量粮油种类特性的关键指标,它还能反映种子的成熟程度和整体品质。比如说,红米的口感可能不是很好,而小麦种子的颜色可能会对其制粉的质量和休眠时间产生影响;油菜种子的颜色会对其出油率产生影响;大豆和菜豆等种子的颜色会对其储存能力和种子的使用寿命产生影响。因此,色泽可以被视为品种间差异和品质高低的一个显著标志。

粮油种子中包含的主要色素包括叶绿素、类胡萝卜素、黄酮素和花青素。受到环境因素的影响,种子的颜色可能会发生变化,如高温、霉变和损伤,以及存放时间较长的陈粮与常规粮油种子在颜色上存在明显的差异。因此,在国外,有一些报道是通过观察粮油籽粒的颜色来评估粮油的新鲜度。

2.矿物质

粮油种子中含有超过 30 种不同的矿物质,这些矿物质可以根据其含量被分类为大量元素和微量元素两大类。通常情况下,禾谷类的粮食灰分含量介于 1.5％至 3.0％之间,而豆类的灰分含量则相对较高,特别是大豆,其灰分含量可以高达 5％。籽粒中包含了多种矿物质,如磷、钙、铁、硫、锰和锌等。矿物质在籽粒中的分布呈现出明显的不均衡性,不同的矿物质在籽粒内的分布位置各不相同,其中胚和种皮(包括果皮)的灰分含量是胚乳的数倍之多。

二、果蔬的化学组成

水果和蔬菜的化学构成不仅是人体所需的营养元素,同时也是影响其颜色、口感、质感、营养价值、储存稳定性以及加工适应性等多个外观和内在品质的关键因素,构成了水果和蔬菜储存和加工的基础。

果蔬的化学成分主要可以划分为水和干物质两大类,其中干物质进一步可以细分为水溶性和非水溶性两大种类。水溶性物质,也被称为可溶性固形物,其显著的特性是能够轻易地溶解在水中,这些物质构成了植物的汁液部分,并对果蔬的风味产生显著影响,例如糖、果胶、有机酸、单宁以及一些可以溶于水的矿物质、色素、维生素和含氮物质等。非水溶性物质构成了果蔬的固体部分,这包括纤维素、半纤维素、原果胶、淀粉、脂肪,以及一些维生素、色素、含氮物质、矿物质和有机盐类等。

(一)水

水果和蔬菜在收获后,在储存、搬运和销售的各个环节中容易失去水分。当脱水程度达到 5％时,多种果蔬都会出现萎蔫和皱缩的现象,从而导致其食用质量降低。在一个温暖且干燥的环境中,仅需数小时,某些产品就可能出现上面提到的情况。与此同时,由于脱水,果蔬的品质也受到影响,这直接导致了经济上的损失。然而,提高环境的相对湿度可能导致微生物过度繁殖。

(二)碳水化合物

果蔬中所含的主要碳水化合物可分为以下 4 种。

1. 糖类

在果蔬中,主要的糖分来源是蔗糖、葡萄糖以及果糖。由于果蔬的种类存在差异,这三种糖的含量也有很大的不同。在仁果类水果中,果糖是主要成分,其次是葡萄糖和蔗糖。浆果类的主要成分是葡萄糖和果糖,这两种物质的含量相当接近,但是蔗糖的含量却非常低。在欧洲的葡萄和红穗状醋栗等浆果中,蔗糖的含量甚至是微乎其微的。

同一种植物在各种气候和土壤条件下生长时,其糖分含量也会有所不同。相较于果实,蔬菜的糖分含量通常较低,但在蔬菜中,像块根和块茎这样的地下存储器官的糖分含量比其他部分要高。

果蔬的甜味程度不仅与糖的种类和数量有关,还与糖与酸的比值(即糖与酸的比例)密切相关。糖与酸的比值越高,其甜味也就越浓烈;当比值恰当时,其酸与甜的味道就会恰到好处。糖是吸湿的物质,其中果糖的吸湿能力是最强的,而蔗糖的吸湿能力是最弱的。由于糖的吸湿特性,果蔬的干制和糖制产品容易从空气中吸取水分,从而减少了它们的保存能力。然而,果蔬糖制品经常利用这一特性来避免蔗糖发生晶析或返砂现象。

在酵母或其他微生物的影响下,糖能够转化为酒精、乳酸和其他物质,因此,果蔬中的糖分含量对于腌制和酿造过程具有至关重要的作用。还原糖,尤其是戊糖,可以与氨基酸或蛋白质进行羰氨反应,生成黑色素,这会导致果蔬制品发生褐变,从而影响产品的质量。

2. 淀粉

虽然果实中的淀粉含量相对较低,但在未成熟的果实中,淀粉的含量较高,而糖的含量则相对较低。经过一段时间的储存,淀粉被转化为糖,从而增加了其甜味。在香蕉和晚熟的苹果中,这一现象表现得尤为突出。因此,储存苹果后,其糖分含量不仅没有减少,反而由于淀粉的糖化作用而有所上升。然而,当核果类和浆果类的果实完全成熟时,它们不再包含淀粉,因此糖分含量也不会进一步上升。有些蔬菜品种,例如马铃薯、藕、芋头和山药,它们的淀粉含量与其成熟程度是正相关的。所有采用淀粉形态作为存储介质的品种,都能维持其休眠状态,从而更有利于长期储存。对于像青豌豆和甜玉米这样的以嫩粒为主要食材的蔬菜,淀粉的生成会对其食用和加工后的品质产生影响。

在酿造含有淀粉的果实的酒时,首先需要对原料进行蒸煮处理,接着进行糖化,这有助于提高酒的产出率。富含淀粉的果蔬不仅可以用于淀粉的生产,还可以作为酿造、干制和饴糖生产的主要原料。

3.纤维素

纤维素经常与木材、栓状物质、角质层和果胶等物质结合,它们主要分布在果蔬的表皮细胞中,有助于保护果蔬,降低机械伤害,抑制微生物入侵,并减少在储存和运输过程中的损耗。然而,由于纤维的硬度较高,从果蔬的加工品质角度看,富含纤维素的果蔬往往质地粗糙、渣多,因此其品质相对较低。梨果里的石细胞实际上是由木质纤维素构成的厚壁细胞,它们的形态类似于砂粒,并且具有坚硬的质地。因此,含有大量石细胞的梨果其品质通常不佳。尽管某些梨品种的石细胞含量较高,但经过一段时间的储存,石细胞纤维中的木质成分会被还原,从而使其质地变得更加柔软,这反过来也提升了其整体品质,例如巴梨。

4.果胶物质

果胶质在果实组织中以原果胶、果胶和果胶酸这三种独特的形态出现。未成熟的果蔬细胞壁间的中胶层通常含有原果胶,这种物质不溶于水,并常与纤维素结合,导致细胞黏结,因此未成熟的果实看起来比较脆硬。随着水果和蔬菜逐渐成熟,在原果胶酶的催化下,原果胶被分解成果胶。这种果胶在水中溶解,与纤维素进行分离,并进一步渗透到细胞内部,导致细胞间的粘合力减弱,增加了黏性,从而使果实变得更加柔软。当成熟的果蔬进入过熟阶段时,果胶在果胶酶的催化下会转化为果胶酸。果胶酸是无黏性的,不能溶于水,因此此时的果蔬会变得软烂。

当果胶与糖酸达到特定的比例时,它们可以形成凝胶结构。果冻和果酱的制作过程正是基于这一独特性质。因此,在低甲氧基果胶溶液中,只要存在钙离子,即便在糖的含量降至 1% 或不添加糖的情况下,也能形成凝胶。目前,果胶这一特性正在被广泛应用于低糖果冻和果酱产品中,并逐渐得到了更多的关注和重视。另外,在生产清澈果汁的过程中,果胶的存在可能会导致果汁变得混浊,因此有必要采取措施去除果胶。

(三)有机酸

酸味是影响果实主要风味的因素之一,它是由果实内部含有的多种有机酸,如苹果酸、柠檬酸和酒石酸等,所引发的。除此之外,还含有微量的草酸、水杨酸以及醋酸等成分。果蔬中的这些有机酸以游离或酸性的形式存在。

果蔬中的酸含量因种类和品种的不同而有所差异。蔬菜中所包含的有机酸常常是多种形式的共存。比如说,番茄里面包含了苹果酸和柠檬酸,还有少量的草酸、酒石酸和琥珀酸。甘蓝的主要成分是柠檬酸,同时也含有绿原酸、咖啡酸、香豆酸、阿魏酸以及桂皮酸。菠菜不仅含有草酸,还富含苹果酸、柠檬酸、琥珀酸以及水杨酸。芹菜里包含了醋酸以及少许的丁酸成分。胡萝卜的直根部分包含了绿原酸、咖啡酸、苯甲酸以及对羟基苯甲酸。尽管蔬菜中酸的种类繁多,但除了像番茄这样的少数蔬菜具有酸味外,大部分蔬菜由于酸的含量较低而不产生酸味。

(四)单宁

单宁物质可以被分类为两种:其中一种是水解型单宁,它具备酯类的特性;还有一种是缩合型单宁,它并不具备酯的特性,而是以碳原子为中心,它们相互结合但不能被水解,果蔬中的单宁正是这种类型的代表。单宁含量与水果和蔬菜的成熟程度有着紧密的联系。

单宁在空气中容易被氧化为黑褐色的醌类聚合物,果蔬在去皮或切开后会在空气中变色,这是因为单宁氧化造成的。在处理过程中,需要确保切割后的果蔬不会发生颜色变化。当单宁与金属铁发生反应时,会形成黑色的化合物,这些化合物在与锡长时间共同加热后会变成玫瑰色,而在遇到碱的情况下则会转变为蓝色。因此,在果蔬加工过程中,选择合适的器具和容器设备显得尤为关键。在制作果酒的过程中,人们更倾向于与果汁或果酒中的蛋白质结合,形成不易溶解的物质并使其沉淀,这样可以去除酒液中的悬浮物,使酒变得清澈。

(五)含氮物质

尽管果蔬并不是人体主要的蛋白质来源,但它们确实有助于其他食物中的蛋白质更好地被人体吸收。果蔬所含的各类维生素、矿物质以及其令人愉悦的口感,都有助于增强消化液的分泌,这与其功效是密不可分的。

尽管果蔬中的氮含量相对较少,但其在加工过程中经常起到关键作用,其中氨基酸的影响尤为显著。果蔬中的氨基酸含量与最终产品的颜色密切相关。氨基酸与还原糖之间可能会发生糖氨的化学反应,导致制成品出现褐变现象;在酪氨酸酶的催化作用下,酪氨酸能够氧化生成黑色素,例如马铃薯在切片后会发生颜色变化;含有硫的氨基酸和蛋白质,在罐头的高温杀菌过程中可能因受热而分解成硫化物,导致罐壁和内部物质发生变色。氨基酸在食品的口感上也扮演着至关重要的角色。果蔬中的谷氨酸和天冬氨酸等成分都展现出独特的鲜美味道,而甘氨酸则带有其独特的甜味。此外,氨基酸与醇类的反应会产生酯,这也是食品香气的其中一个来源。

(六)糖苷类

苷是一种由糖、醇、醛、酚和硫组成的酯类化学物质。在酶或酸的催化作用下,苷可以被分解成上面提到的糖成分和苷配基。果蔬中含有多种不同的苷成分,其中大部分都带有苦味或独特的香气。这些苷类不仅是果蔬独有风味的来源,还在食品工业中作为主要的香料和调味品,例如苦杏仁苷。然而,其中也存在一些苷类具有高度毒性,因此在食用时需要特别留意,例如茄碱苷。

(七)维生素

维生素在维护人体生理功能方面扮演着至关重要的角色。酶在人体的各种生理代谢过程中扮演着不可或缺的角色。酶要想发挥其活性,辅酶的介入是不可或缺的,而某些维生素实际上也是辅酶或其组成部分。

绝大部分的维生素都是从植物中产生的,而水果和蔬菜则是我们获取这些维生素的主要途径。到目前为止,我们已经识别出 30 多种维生素,其中大约 20 种与人类的健康和成长有关。

(八)矿物质

在果实和蔬菜中,我们可以找到多种矿物质,这些矿物质主要以磷酸盐、硫酸盐、碳酸盐或与有机物结合的盐的方式存在。例如,蛋白质中可能含有硫和磷,而叶绿素中可能含有镁。

在果蔬中,矿物质主要以弱碱性的有机酸盐形态出现。当这些矿物质被人体消化和吸收后,它们分解出的大部分物质都是碱性的。因此,果蔬被誉为碱性食物,定期食用有助于调整体内的酸碱平衡,对身体健康大有裨益。

果蔬中所含的钙不仅是一种重要的营养成分,同时也对果实的质量和保存能力有着显著的影响。钙作为细胞间胶层果胶酸钙的一种成分,具有黏附细胞的功能,并有助于维护细胞膜的完整性与稳定性;钙在膜的内部和外部以游离离子的形式存在,并对细胞的渗透压和离子的平衡产生调控效果。钙的缺乏容易导致细胞质膜的分解,从而降低果实的抗病能力;苹果在采摘前和收获后可能出现的各种生理疾病,例如水心病、红玉斑点病和衰老褐变病,都与果实的钙含量不足密切相关。

(九)芳香物质

在各种果蔬中,挥发性的芳香油是一种普遍存在的成分,由于其含量极为稀少,因此也被俗称为精油,这是每一种果蔬都具有独特香气和其他特殊气味的主导因素。在各类果实中,挥发油的组成并不是单一的,而是由多个成分混合而成,其主要的香味成分包括酯、醇、醛、酮、萜烯等。

水果所散发出的香味相对纯净,赋予了天然食品一种非常令人愉悦的香味。在其香味成分里,酯类、醛类和萜类是主要成分,接下来是醇类、酮类和挥发酸等。随着果实逐渐成熟,其香气成分也相应增加,但与在树上成熟的果实相比,人工催熟的果实香气成分的含量明显较低。

三、食用菌的化学组成

(一)食用菌多糖

食用菌中的多糖被视为一种关键的健康食品。至今,猴头菌多糖、香菇多糖、灵芝多糖、冬虫夏草菌丝多糖、灰树花多糖以及姬松茸多糖等多种食用菌的多糖成分已经得到了科学研究。食用菌中的多糖作为一种高分子化合物,其结构相当复杂,由超过 10 个单糖通过糖苷键连接而成。

(二)萜类化合物

三萜类化合物被认为是最关键的活性成分之一,而灵芝酸作为三萜类化合物,是构成灵芝药效的核心物质之一。目前,从灵芝中已经分离出超过 100 种不同的化合物,这些化合物是由多个异戊烯首尾相连组成的,其中大多数是由 30 个碳原子组成,而部分则是由 27 个碳原子构成的萜烯类化合物。灵芝酸是一种具有显著药理效应的物质,它不仅可以降低血脂、保护肝脏、排毒、抗氧化、抗菌和抗炎,还能抑制肝脏的肿瘤细胞。此外,它还具有止痛和镇静的效果,并对免疫系统、心血管系统和神经系统有调节作用。

(三)核酸降解物

环磷酸腺苷、环磷酸胞苷和环磷酸鸟苷都是香菇的核酸分解产物。其中,环磷酸腺苷是一种具有调节代谢活性的物质,它对细胞的生长和分化都有显著的抑制效果,因此,它可以被用来抑制肿瘤的生长,并用于治疗如牛皮癣和冠心病等疾病。香菇提取物里的双链核糖核酸具有刺激干扰素分泌的能力,它是增加血液中干扰素浓度的触发元素,进而促使人体生成能干扰病毒增殖的蛋白质,从而具有增强人体免疫系统、抑制艾滋病传播和延缓衰老的效果。

第二节 动物性原料的化学组成

一、肉的化学组成及特性

从一个更广泛的角度来看,畜禽的胴体实际上就是肉类。胴体指的是在畜禽被屠宰后,去除其毛发、头部、蹄子、内脏、皮肤或不去皮的部分(例如,猪需要保留板油和内脏,而牛、羊等毛皮动物也需要去皮),由于其带有骨头,因此也被称为带骨肉或白条肉。从狭窄的角度看,原料肉指的是胴体中可以食用的部分,也就是去掉骨头的胴体,通常被称为净肉。

胴体(肉)是由肌肉组织、脂肪组织、结缔组织以及骨组织这四个主要部分组成的。这些组织的结构和性质对肉品的品质、加工目的和市场价值有直接的影响,并且这种影响会根据动物的种类、种类、年纪、性别和营养状态而有所不同。

动物的种类、性别、年龄、营养状况以及畜体位置都会影响畜禽肉类的化学构成,而屠宰后的肉内酶活性也会对这些成分产生某种程度的作用。此外,肉的成分因部位的差异而有所不同。

(一)蛋白质

肌肉中的蛋白质大约占据了 20% 的比例。在去除水分后的肌肉干物质中,有 4/5 是蛋白质,根据它们的位置和在盐溶液中的溶解度,可以分为三种蛋白质:与肌肉收缩松弛相关的肌原纤维蛋白质大约占 55%;大约 35% 的蛋白质是溶解在肌浆中的,这些蛋白质存在于肌原纤维之间;构成结缔组织如肌鞘和毛细血管的基础蛋白质大约占据了 10% 的比例。这些蛋白质的浓度会根据家畜的种类而有所不同。

(二)脂肪

动物性脂肪主要由甘油三酯(也称为三脂肪酸甘油酯)构成,大约占据了 96%—98% 的比例,同时还含有少量的磷脂和固醇脂。动物脂肪实际上是由甘油酯混合而成的。肉制品中含有超过 20 种不同的脂肪酸,其中硬脂酸和软脂酸是饱和脂肪酸中的主要种类;在不饱和脂肪酸中,油酸是最主要的,紧随其后的是亚油酸。在不饱和脂肪酸中,亚油酸、次亚油酸和二十碳四烯酸是动物组织细胞及其功能代谢过程中不可或缺的元素。脂肪酸酯类,由磷脂和胆固醇组成,不仅是能量的主要来源之一,还是细胞的独特组成部分,对于肉制品的品质、色泽和气味起到了至关重要的作用。

在肉类中,脂肪可以分为两大类:皮下脂肪、肾脂肪、网膜脂肪和肌肉间脂肪等,统称为"蓄积脂肪";还有一种是存在于肌肉组织中的脂肪、神经组织的脂肪以及内脏的脂肪,这些被统称为"组织脂肪"。"蓄积脂肪"主要由中性脂肪构成,其中棕榈酸、油酸和硬脂酸是最常见的脂肪酸。棕榈酸在中性脂肪中的占比为 25%～30%,而油酸、硬脂酸和高度不饱和脂肪酸则占据了剩下的 70%。所谓的"组织脂肪"主要是由磷脂构成的。肉中的磷脂含量与肉的酸败程度密切相关,这是因为磷脂中不饱和脂肪酸的比例远高于脂肪。

(三)浸出物

所谓的浸出物,是指那些可以溶于水的物质,如蛋白质、盐和维生素等,这包括了含氮和无氮的浸出物。在浸出物的成分中,主导的有机物质包括核苷酸、嘌呤碱、胍类化合物、氨基酸、肽、糖原以及有机酸等。

大约 2%的浸出物成分主要是含氮化合物,而酸和糖的含量则相对较低。在含有氮的物质中,构成蛋白质的氨基酸大多数是处于游离状态的。浸出物中的成分与肉的口感、风味和气味之间存在着紧密的联系。在浸出物中,还原糖与氨基酸间的非酶性褐变反应对肉类的口感起到了至关重要的影响。

某些浸出物自身就含有味道成分,例如琥珀酸、谷氨酸、肌苷酸是肉类的鲜味成分,肌醇具有甜味,而以乳酸为主的一些有机酸则具有酸味。尽管浸出物的含量并不丰富,但由于它可以增强消化腺体的功能(例如刺激胃液、唾液等的产生),因此对于蛋白质和脂肪的消化过程具有显著效果。

二、乳的化学组成

乳是一种在哺乳动物分娩后由乳腺产生的白色或略带黄色的不透明液体,它包含了超过百种的化学物质,如水、脂肪、蛋白质、乳糖、盐、维生素、酶和气体等。

在正常的牛乳中,各种成分的构成基本保持稳定,但由于乳牛的种类、体型、地域、饲料、季节、环境条件、温度和健康状况等多种因素的作用,它们之间存在差异,尤其是蛋白质、乳糖和灰分的稳定性较高。各种不同的乳牛品种,其乳汁的成分也存在差异。

(一)乳清蛋白

乳清蛋白指的是那些在乳清中溶解并分散的蛋白质,它们大约占据乳蛋白的 $18\%\sim20\%$,并且可以被分类为热稳定和热不稳定的两大类。

乳清在煮沸 20 分钟后发生沉淀的一种蛋白质,这类蛋白大约占乳清蛋白的 81%。乳清蛋白中的热不稳定成分主要分为乳白蛋白和乳球蛋白两大类。这种类型的蛋白质在常温条件下无法通过酸性物质来凝固,但在微酸性环境下,加热就能使其凝固。这类蛋白与酪蛋白的显著差异是,它不包含磷,但含有大量的硫,并且不会被皱胃酶所凝结。

(二)乳糖

乳糖是一种特定于哺乳动物乳液中的糖分。牛奶中的乳糖含量大约在 $4.6\%\sim4.7\%$ 之间,这占据了干物质的 $38\%\sim39\%$。乳糖是导致乳甜味的主要因素。乳糖在乳液中完全溶解,其甜味大约是蔗糖的六分之一。在甜炼乳的成分中,乳糖主要是结晶形态,这种结晶的尺寸会直接决定炼乳的口感,而具体的结晶尺寸可以根据乳糖的溶解能力和温度来进行调整。

乳糖在乳糖酶的催化下能被分解为单糖,随后在多种微生物的作用下进一步分解为酸和其他物质,这一过程在乳制品产业中具有显著的重要性。经过乳糖的水解,生成的半乳糖成为了脑神经中关键成分(糖脂质)的主导来源,这对婴儿的大脑和神经组织的成长是有益的。然而,随着人们年龄的逐渐增长,他们的消化系统中乳糖酶的含量逐渐减少,导致他们无法有效地分解和吸收乳糖。因此,当他们饮用牛奶后,可能会出现如呕吐、腹部胀气和腹泻等不适症状,这被称为乳糖不适症。在乳制品的加工过程中,通过使用乳糖酶,可以将乳中的乳糖分解成葡萄糖和半乳糖,或者使用乳酸菌将乳糖转化为乳酸。这样不仅可以预防乳糖不适应症,还可以提高乳糖的消化吸收率,从而改善制品的口感。

第三节　食品原料采收或成熟中的变化

一、果蔬采后的代谢变化

(一)物质的合成与降解

果蔬在采摘后经历了一个关键的物质转化,即同类物质之间的合成和水解过程。例如,淀粉可以转变为糖,原果胶可以变为果胶,蛋白质可以转化为氨基酸,而多聚脂肪酸则可以转化为低聚脂肪酸。此外,果实变得柔软是因为组成果实细胞壁的果胶成分中的甲氧基和钙从半乳糖醛酸中被释放出来,而叶绿素的分解和破坏导致了叶绿体的崩溃和果蔬的颜色发生变化。然而,物质的合成过程与其降解过程并不是完全独立的。在果蔬物质逐渐降解的过程中,新的化合物如氨基酸和蛋白质的生成也在不断地进行。显然,在果蔬进入衰老阶段时,各种物质的合成和水解平衡更倾向于水解过程,新物质的合成逐步减少,而原有物质的降解逐步加剧,最终导致果蔬的衰老。随着果蔬老化的加速,会触发一系列连锁效应,例如,水解作用增强会导致果蔬在储存过程中单糖含量上升,而单糖的累积又会刺激其呼吸功能;果胶物质的分解导致原本坚固的组织变得柔软,这不仅削弱了产品对机械伤害的抵抗力,还为微生物的入侵提供了有利条件。

(二)物质的转移再分配

果蔬在经过一段时间的休眠后,其固有的多种生理属性会发生变化,例如萝卜失去水分导致糠心形成,蒜薹开始发芽并长出新的蒜株等,这些变化都是果蔬内部物质重新分配和转移的直接结果。

果蔬在采摘后的物质转移主要是从储存营养的器官转移到生长中心,为其萌芽阶段做好准备。这导致了水果和蔬菜的营养成分逐渐老化,以及营养物质的大量消耗。因此,从维护水果和蔬菜固有品质的角度来看,物质的转移是不利的。

(三)物质的重新组合

在果蔬的采后成熟和衰老阶段,其代谢路径中的某些中间和降解产物可以被用作将其重新组合为其他物质的原材料。在红星苹果的储存过程中,叶绿素逐步被分解,与此同时,花青素的含量持续上升,从而增强了果实的整体外观质量。实际上,在从成熟到衰老的过程中,香味物质经历了从少到多再到少的变化,其成分也发生了变化,这是因为代谢过程发生了变化,物质的重新合成也发生了变化。

二、果蔬化学成分在采后的变化

采收以后的果蔬化学物质将发生很多变化。这些变化能引起果蔬品质、营养价值、激素代谢、酶系统和果蔬耐贮性和抗病性的变化。

(一)有机酸含量的变化

果蔬的口感和品质很大程度上依赖于其糖和酸的含量以及它们的比例关系。高酸和低糖的果实味道偏酸,而低酸和高糖的果实则口感较淡,这些都不满足鲜食的标准。

各种不同的果蔬,在其各自的成长阶段,所包含的酸性物质的种类和浓度都存在差异。当葡萄和苹果进入或即将进入成熟阶段时,它们的游离酸(也称为可滴定酸)含量是最高的,但在完全成熟后,这一含量开始逐渐减少。然而,香蕉和梨的情况恰恰相反,它们的可滴定酸含量在成长过程中逐步减少,到成熟时达到最低水平。

果实成熟后,有机酸的浓度通常是最高的,但随着果实的成熟和老化,其浓度逐渐减少。在果蔬的成熟和衰老阶段,有机酸的减少主要是因为有机酸在果蔬的呼吸过程中起到了关键作用,并作为呼吸的基础被消耗掉。在储存过程中,有机酸的减少速度甚至超过了糖,而且随着温度的升高,有机酸的使用量也随之增加,导致糖与酸的比例逐步上升,这也解释了为何某些果实在储存一段时间后口感会变得更加甜美。果蔬中的有机酸含量和有机酸在储存过程中的变化速度,通常可以作为评估果蔬成熟度和判断果蔬储存环境是否适宜的一个重要指标。

(二)色素的代谢变化

色素是决定果蔬颜色的关键因素,而这种颜色在某种程度上也揭示了果蔬的新鲜度、成熟程度以及品质的变化。它不仅是评估果蔬品质的关键感官指标,同时也是判断果蔬是否成熟和衰老的重要标准。随着不同的成熟阶段和环境条件的变化,各种色素也会发生不同的变化。

1. 叶绿素类

在健康成长的果蔬里,叶绿素的生成能力超过了其分解能力,从外观上看,绿色的改变并不明显。在收获的水果和蔬菜中,叶绿素会在酶的催化下分解为叶绿醇和叶绿酸盐等水溶性物质。对于绝大部分的果实而言,绿色的消逝是其最早的成熟标志,这意味着叶绿素的含量正在逐步下降。

关于叶绿素降解的生物化学过程,现在还没有明确的了解。有报道指出,在呼吸的高峰时段,苹果与香蕉的叶绿素酶活跃度是最高的。叶绿素的分解过程可能与叶绿素酶有关,同时过氧化物酶和脂肪酶也可能涉及到叶绿素的分解过程。

2.类胡萝卜素

类胡萝卜素属于类异戊二烯多聚体,它可以分为胡萝卜素类和叶黄素类两大类,这使得各种水果和蔬菜展现出黄色、橙色或橙红色的外观。在未完全成熟的果实和叶子里,类胡萝卜素和叶绿素经常是共存的,但叶绿素的含量是高的,例如叶酸通常是类胡萝卜素的三倍,这掩盖了类胡萝卜素的显色效果,因此在感官上它仍然是绿色的。随着水果和蔬菜逐渐成熟,它们的叶绿素开始分解,同时胡萝卜素的含量也在快速上升,这使得它们的颜色开始逐步显现。

3.花青素(或称花色素类)苷

花青素是一种水溶性的色素,它能使果实和花朵呈现出红色、蓝色和紫色等多种颜色,通常被统称为花青素苷。该物质在植物体内存在,并可以溶解在细胞质或液泡里。天然花青素苷以糖苷的形态存在,在经过酸或酶的水解作用后,能够转化为花青素和糖。

花青苷(也称为花青素苷)经过水解后生成的花青素稳定性极差,在不同的 pH 值条件下,由于其结构的变化,其显色效果也会有所不同。当与酸发生反应时,它会变成红色;与碱反应时,它会形成盐类并变为蓝色;而在中性环境中,钠盐则会变为紫色。因此,很多带有酸味的果实都会显现红色。当花青素与金属离子如钙、锡、铜、铁、铝等接触时,它会形成蓝或紫色的络合物,从而使其颜色更为稳定,不会受到 pH 的影响,因此在加工过程中,不建议使用铁、铜、锡这些材料制成的工具。

花青素是一种对光敏感的色素,它的生成依赖于阳光,通常是在果实完全成熟的时候才会合成,并存在于表皮细胞的液体中。红色果实通常含有更多的糖分和花青素,因此其颜色越深,味道越甜美。在生产过程中,我们经常使用各种方法,例如进行整形修整、在地面上铺设反光膜、给果实套上袋子、增加有机肥的使用、喷洒增色剂等,这些都是为了促进果实中花青素的生成,并在果实成熟时提高其着色效果。花青素还具有抑制有害微生物的功能,因此红色品种的苹果相对于黄色或绿色品种具有更高的抗病能力,而且着色良好的果实通常更适合储存。

(三)香味物质的变化

果蔬所散发出的香气,实际上是其内部各种芳香成分的气味与其他属性相结合的产物。由于水果和蔬菜的种类有所不同,它们所含的芳香成分也存在差异。果蔬中所包含的芳香成分并不是单一的,而是由多个不同的成分组合而成。这些成分是果蔬独特气味的主要来源,并与其他营养元素一同,它们是影响果蔬品质的关键因素,同时也是评估果蔬成熟度的重要标准之一。

经过储存的果蔬中,挥发性风味物质的含量会因为挥发和分解作用而减少,例如,储存苹果的贮藏时间越长,其挥发性成分就越少。在较低的温度条件下储存的果蔬,其风味成分的减少可以被有效地控制。研究不同的存储方法如何影响某种果蔬中特定风味物质的含量变化,是一个非常有研究价值的议题。

(四)碳水化合物的变化

碳水化合物是果蔬中干物质的主要成分,是多羟基醛或多羟基酮及其聚合物或某些衍生物的总称。主要包括可溶性单糖和双糖、淀粉、纤维素、果胶物质等。

1.可溶性糖

果蔬中的甜味主要是由可溶性糖提供的,它也是关键的储存成分,如蔗糖、葡萄糖和果糖等。普通的水果和蔬菜在其成熟和老化的过程中,其糖分含量和种类都在持续地发生变化。随着时间的推移,许多果蔬的含糖量逐渐上升,但块茎和块根这类蔬菜的成熟程度越高,其含糖量就越低。

可溶性糖是果蔬呼吸时的底物,它在呼吸时会分解并释放热量。在储存过程中,果蔬糖的含量逐渐减少,但某些果蔬由于淀粉的水解作用,糖的含量呈现上升趋势,这一现象在突变的果实上尤为突出。然而,伏令夏橙在初夏达到成熟,随着日均温度的逐渐上升和呼吸的增强,蔗糖的积累并不特别明显;在冬天,成熟的柑橘中,蔗糖是主要的糖分来源。水果和蔬菜中的糖分不仅是形成甜味的元素,同时也是其他化学物质的重要组成部分。例如,某些芳香性物质通常以苷的形态出现,很多果实的明亮色彩是由糖和花青素的衍生物所赋予的,果胶是多糖的一种结构,而果实中的维生素 C 也是由糖转化而来的。

果蔬中的单糖可以与氨基酸发生羰氨作用或与蛋白质反应生成黑蛋白,从而导致加工后的品质出现褐变现象。尤其在干燥处理、罐头消毒或高温存储过程中,这种非酶性的褐变现象容易出现。

2.淀粉

在后熟阶段,一些富含淀粉的水果,例如香蕉、苹果和板栗,其淀粉会不断地水解并转化为低聚糖和单糖。然而,由于呼吸过程中的消耗,这种转化并不一定会导致可溶性固形物的增加。

3.纤维素和半纤维素

纤维素与半纤维素均为植物细胞壁的核心组成部分,它们为组织提供了必要的支撑,并与各种水果和蔬菜的质地有着紧密的联系。幼嫩植物的细胞壁富含水纤维素,这使得其在食用时具有非常细腻的口感;在储存过程中,由于组织的老化,纤维素会变得木质化和角质化,这导致蔬菜的品质降低,难以咀嚼。在果实进入后熟阶段时,纤维素的水解以及果胶成分的变动都会对果实硬度产生影响。当香蕉刚开始被采摘时,其半纤维素的含量在 $8\%\sim10\%$(按鲜重计算)之间,但在成熟的果实中只有大约 1% 的含量,这使其成为香蕉的重要呼吸储备材料。

纤维素在水中是不溶解的,只有在特定酶的催化下才会分解。很多霉菌都含有能够分解纤维素的酶,因此,当果实和蔬菜被霉菌感染并腐烂时,它们通常会变得软烂,这主要是由于纤维素和半纤维素被分解造成的。

4.果胶物质

果胶是一种在水果和蔬菜中普遍存在的高分子化学物质,它主要分布在果实、直根、块茎和块根等多种植物组织中。果胶酸能够与钙、镁等元素结合,形成盐,但它在水中是不溶解的。随着果实的进一步成熟和衰老,果胶会继续受到果胶酸酶的影响,进而分解成果胶酸和甲醇。果胶酸缺乏黏结作用,导致果实呈现水烂的状况,部分甚至变得"绵密"。果胶酸进一步被分解为半乳糖醛酸,导致果实的解体。

(五)含氮化合物的变化

在果蔬中,主要的氮含量来源于蛋白质和氨基酸,接下来是氨基酸酰胺以及某些特定的胺盐和硝酸盐。在果实的生长和成熟阶段,游离氨基酸的变动与其生理代谢的改变有着紧密的联系。在果实中,游离氨基酸是在蛋白质的合成和分解过程中达到代谢平衡的结果。在果实达到成熟阶段时,氨基酸中的蛋氨酸作为乙烯生物合成过程的前驱物。在果实成熟的过程中,不同种类的果实和不同种类的氨基酸并没有显示出相同的变化趋势。

(六)酚类物质的变化

在植物体内,酚类化合物属于次生代谢物的一种,它们拥有独特的生理和代谢功能,并被广泛应用。在植物果实中,酚类物质的含量相当丰富。由于果实具有独特的生理、药学和化学活性,因此对果实中的酚类物质的研究逐渐成为分析果实的一个焦点。它不只是果实组织中的一个显著组成部分,同时也对果实的口感和颜色产生影响,并在果实的处理和储存阶段发挥着至关重要的角色。与鲜食加工和储存过程中酶引发的褐变、葡萄酒的口感和稳定性等因素相比,这些都与葡萄酒中酚类化合物的数量和种类有着密切的关联。

(七)水分

果蔬中的水分含量直接关系到其嫩度、鲜度以及果实的口感,这与果蔬的口感和品质有着紧密的联系。当水分含量较高时,水果和蔬菜的外观会显得饱满、挺拔,颜色鲜艳,口感也会变得脆嫩。然而,由于果蔬的水分含量较高,这为微生物和酶的活跃性提供了有益的环境,从而导致它们的储存能力减弱,更容易出现变质和腐败的情况。

果蔬在收获后,由于水分不足,在储存和运输的过程中可能会因为蒸腾作用而失去水分,这可能导致果蔬出现萎蔫、失重和失鲜的情况,甚至可能导致果实的代谢失衡,使其无法正常变软,从而降低果蔬的品质并缩短其储存时间。因此,脱水经常被视为一种关键的保鲜方法,当果实的失水超过 5％时,它会带来显著的效果。果蔬在储存过程中的失水程度与其种类、种类以及储存环境的温度和湿度都存在着紧密的联系。在果蔬的储存过程中,对水分的严格控制是维持其储存品质的关键,事实上,某些果蔬在低温和高湿的条件下保存已经展现出了出色的保存成果。

三、果蔬品质的变化

果蔬内物质的转化、转移、分解和重新合成导致了果蔬采后色、香、味、质地等外在品质发生了许多变化,这些变化主要包括以下几个方面。

(一)果(叶)柄的脱落

脱落现象是由于叶柄或果柄的脱落,从而形成了一层特殊的细胞层。在叶柄和果柄完全脱落之前,细胞的离区部分已经发生了众多的变化。由于细胞的分裂过程,叶柄基部出现了一层星状细胞。当这些细胞脱落时,它们的代谢活动变得非常活跃,导致细胞壁或胞间层部分分解,从而引发细胞间的分离。由于果实本身的重量,它与维管束的连接被断裂,导致果柄从主茎上脱落。当叶柄脱落后,在残留的叶柄上会形成一层木绳,这是为了防止果蔬组织受到微生物的污染,并减少水分的蒸发。比如说,在大白菜储存过程中出现的脱帮情况。每一种植物在经历衰老的过程中都会经历这样的变化,并且这些变化具有明确的周期性。

(二)颜色的变化

在果实的表皮以及蔬菜的叶绿体中,都含有叶绿素。叶绿体内的叶绿素按照特定的结构模式有序地进行排列。在收获之前,蔬菜是通过叶绿素来捕获阳光并进行光合作用以生产食物的。但是,收获后的蔬菜失去了光合作用的功能,随着储存时间的增加,叶绿体的功能也逐渐丧失:叶绿体无法自我更新并分解,导致叶绿素分子被破坏,从而使绿色消失。此刻,蔬菜中的其他色素,例如胡萝卜素和叶黄素等开始显现,导致蔬菜的颜色从绿色转变为黄色、红色或其他不同的色调,进而使其失去了原有的嫩滑感并开始老化。为了确保储存的蔬菜能够保持其新鲜度和颜色,我们必须实施有效的方法来防止叶绿体受到损害。据报道,过氧化物酶、叶绿素酶以及脂氧合酶都参与了叶绿素的分解和代谢过程。

在成熟的香蕉和梨的果实里,随着叶绿素的减少,类胡萝卜素开始显现,并逐渐成为决定颜色的关键因素。在包括桃、番茄和柑橘在内的其他果实中,有色体参与了类胡萝卜素的合成过程。类胡萝卜素由胡萝卜素和叶黄素组成,其中胡萝卜素是由 8 种类异戊二烯构成的碳氢化合物,而叶黄素则是胡萝卜素的氧化衍生物。花色素苷是一种酚类化合物,它是组成颜色的另一种主要成分,并且具有水溶性。在果实里,众多的花色苷实际上是花色素糖基化的一种衍生物,而在花色素的结构里,糖苷配基呈现出丰富的多样性。花色素苷对 pH 值非常敏感,在酸性环境中会呈现红色,而在碱性环境中则会变为蓝色。在成熟阶段,花色素通常会被大规模地合成。

(三)组织变软、发糠

在收获的水果和蔬菜中,随着时间的推移,它们的组织逐渐变得柔软并开始发糠,这是一个普遍的情况。在各种果蔬植物中,如茄子、黄瓜、萝卜、番茄和蒜薹等,其重要性尤为突出。果蔬软化和发糠通常是在储存一段时间后出现的现象。例如,冬季过后的萝卜切开后水分减少,组织变得疏松,就像是多孔的软木塞,而冬季前刚收获的萝卜则水分丰富,吃起来口感清脆、鲜嫩。果蔬组织的软化是由一系列复杂的生物化学反应触发的。

(四)萎蔫

在果蔬组织中,水分大约占据了 90% 的比例,叶菜类植物能够保持挺直的状态完全依赖于体内水分的压力作用,一旦水压下降,这类植物便会逐渐枯萎。正常鲜度的果蔬需要保持其正常的生命活动和细胞膨胀状态,所需的膨胀压力是由水和原生质膜的半渗透特性来维持的。随着组织的老化,水分可能会减少,从而导致萎蔫的症状。

(五)风味变化

当蔬菜达到某个成熟阶段时,它会呈现出独特的口感。大部分蔬菜在从成熟到老熟的过程中会逐步失去其原有的风味,比如,随着年龄的增长,蔬菜的味道会变得更淡,颜色也会变浅,同时纤维含量也会增加。幼小的黄瓜带有轻微的涩味,并释放出浓烈的香气。但当它逐渐走向衰老,最初的涩味会消失,随后变得甜美,其表皮也会逐渐变得绿色和黄色。到了衰老的后期,果肉会变得酸涩,从而失去了其食用价值,而此时的黄瓜种子已经完全成熟。在储存水果和蔬菜的过程中,是否能维持其独特的口感成为了评估存储效果的关键标准。果蔬体内发生的不可恢复的生物化学变化表明其味道已经发生了变异,并且开始走向衰老。

生命活动导致的化学成分的改变也是风味变化的主要原因。例如,在储存过程中,仁果类的果实中的淀粉可以被水解成糖,同时,由于水分的蒸发,果实中的糖浓度也会增加,因此,短期储存的苹果通常会变得更甜。然而,随着储存时间的增加,通常的趋势是总糖量会减少,而酸分的消耗会更快,这会导致果实的风味变得更淡。

某些尚未成熟的水果含有丰富的单宁成分,这导致它们的口感相当不佳,有些甚至不适合食用,例如柿子、香蕉、葡萄和核桃等。在储存过程中,随着果实逐渐成熟,单宁的含量通常会迅速下降,导致果实的涩味逐渐消失,从而提升了其风味。在储存果蔬的过程中,由于挥发性芳香成分的流失,果蔬的香味往往会变得较为淡薄。在进行减压存储时,这种差异变得尤为突出。

第四节　宰后动物组织的化学变化

一、肉的尸僵

经过一段时间的屠宰,肉尸(胴体)的伸展性会逐步减退,从松弛状态转变为紧张、失去光泽,关节失去活动能力,呈现出僵硬的状态,这种状态被称为尸僵。尸僵的肉质硬度较高,因此在加热过程中难以完全煮熟,呈现出粗糙的外观,其肉汁大量流失,失去了原有的风味,因此不具备食用肉类的特性。从相对的角度看,这种肉并不适合进行加工或烹饪。

(一)尸僵的过程

动物死后的尸僵过程可以大致划分为三个主要阶段:从被屠宰之后直到尸僵现象开始出现,这是肌肉弹性以极其缓慢的速度发生变化的一个阶段,被称作迟滞期;当弹性迅速减少时,会进入一个僵硬的阶段,也就是所谓的急速期;最终达到一个延伸性极低的特定阶段,被称为僵硬后期。当进入到最终阶段时,肌肉硬度有可能提升至原先的10到40倍,并能维持这一状态相当长的时间。

(二)尸僵的机制

在家畜被屠宰之后,尽管许多肌肉细胞的物理和化学反应还在持续一段时间,但由于血液循环和氧气供应的中断,这些细胞很快就进入了无氧状态。因此,一些细胞的生化反应,如糖酵解和再磷酸化在家畜死亡后会发生改变或停止。最明显的改变是肌肉不再具有刺激性、柔韧性和伸缩性,而是迅速硬化,变得僵硬且无法伸缩,这种变化对肉的口感、颜色、嫩滑度、多汁性和保水性产生了很大的影响。

(三)尸僵的开始和持续时间

尸僵的起始和持续时间会因动物种类、种类、宰前状态、宰后肉的变化和不同部位的不同而有所不同。通常情况下,鱼类的肉尸较早出现,而哺乳动物则较晚出现,不放血导致的死亡比放血导致的更早。较高的温度会更早地出现,并且持续的时间相对较短;当温度偏低时,这种情况会出现得更晚,并且持续的时间也会更长。当肉达到其最大的尸僵状态后,它便开始进入解僵、软化和成熟的过程。

二、肉的成熟

当尸僵状态维持一段时间后,其症状开始逐渐减轻,肉的硬度有所下降,水分保持能力得到恢复,变得更加柔软和多汁,味道也变得更佳,非常适合进行加工和食用,这一系列的变化标志着肉的完全成熟。肉的成熟过程涵盖了从尸僵状态的解除到在组织蛋白酶的催化下的进一步成熟阶段。

(一)尸僵的解除

当肌肉经过充分的解僵处理后,其质地会变得更加柔软,从而使得产品具有更好的风味和更高的保水性,这使其成为制作各种肉制品的理想原料。因此,从一个特定的角度看,只有经过解僵处理的肉类才能被用作食物的主要成分。

从成熟肌肉中提取的肌原纤维,在十二烷基硫酸盐溶液中溶解后,经过电泳分析,观察到肌原蛋白 T 的减少,并出现了分子质量为 30 000u 的新成分。当从肌肉中提取各种蛋白酶并作用于肌原纤维时,也观察到了相似的情况。这表明,在成熟过程中的肌原纤维会受到蛋白酶,也就是肽链内切酶的影响,从而导致肌原纤维蛋白的分解。有确凿的证据显示,Z 线的崩解是由于肌肉内的蛋白水解酶,特别是钙激活的中性蛋白酶,也被称为钙激活因子所导致的。

提高温度有助于加速解僵和软化过程。在将牛肉或羔羊肉储存在高温环境中,并避免其变短的情况下,观察到肌肉的嫩滑度得到了增强。在这个时刻,溶酶体酶也被释放了出来。有研究者指出,这些酶的释放与高温环境下的低 pH 值相结合,可能会导致肌原纤维蛋白的分解和肉质的嫩化。

(二)成熟肉的化学变化

1.肌苷酸的形成

在肌肉死亡后,ATP 在肌浆中的 ATP 酶作用下迅速转化为 ADP,随后 ADP 进一步被水解为 AMP,并在脱氢酶的作用下形成 IMP。ATP 转变为 IMP 的化学反应在肌肉达到其最大 pH 值之前持续进行。当 pH 值超过这个极限后,肌苷酸开始分解,IMP 中的一个磷酸被去除,转化为次黄苷,而这次黄苷进一步分解,形成游离的核苷和次黄嘌呤。

2.肌浆蛋白溶解性的变化

在屠宰后的近 24h 内,肌浆蛋白的溶解能力下降到了最低点。刚被屠宰的热鲜肉中,进入浸出物的肌浆蛋白数量最多,但在 6h 后,肌浆蛋白的溶解性明显下降,变得不溶,直到第一天结束,其溶解性降至最低,仅为最初热鲜肉的 19%。到了第四天的夜晚,数量可以增长到最初的 36%,这是第一天夜晚的两倍,并且未来还会继续增长。

3.构成肌浆蛋白的 N—端基的数量增加

随着肉类逐渐成熟,其蛋白质结构也随之发生改变,导致肌浆中蛋白质氨基酸和肽链的 N—端基(即氮基)数量有所增加。随着肉的成熟,相应的氨基酸,例如二羧酸、谷氨酸、甘氨酸和亮氨酸等都有所增加,这明显导致肌浆蛋白质的肽链被激活,从而增加了游离 N—端基的数量。因此,肉类在成熟之后,其柔软性和水化程度都有所提升,同时在热加工过程中的保水能力也得到了增强,这些因素都与 N—端基数量的增加有一定程度的联系。

(三)影响肉成熟的因素

1.电刺激

新鲜宰杀的肉尸,在经过 1~2 分钟的电刺激后,不仅可以帮助其变得柔软,还能避免因"冷收缩"导致的羊肉问题。这种方法在国外得到了广泛的采纳。当刺激停止后,肌肉会重新进入松弛状态,此时 ATP 会按照与屠体温度匹配的速率进行分解。由于磷酸肌酸的消耗已经耗尽，ATP的水平迅速开始减少。因此，在电刺激之后，它们会迅速进入中温域的尸僵期，并且肌肉的硬度相对较低。通过电刺激，我们不仅可以避免在低温下的冷缩现象，还有助于材料的嫩化过程。电刺激有可能导致Z线的断裂和所谓的"趋收缩"现象，同时也会加速含有组织蛋白酶的溶酶体的崩解过程。

2. 生物学因素

肉胰蛋白酶有助于使其变得更加柔软。通过使用微生物酶和植物酶，同样的硬度和尸僵硬度也能得到降低。木瓜蛋白酶是目前在国内外广泛使用的一种酶。虽然宰前静脉注射和宰后肌肉注射都是可行的方法，但宰前注射在某些情况下可能导致器官受损或因休克而死亡。木瓜蛋白酶的最佳工作温度应不低于50℃，即使在低温条件下也能发挥作用。为了解决羊肉因"冷收缩"导致的硬度上升问题，我们在每千克羊肉中加入了30mg的木瓜蛋白酶，并在70℃的温度下进行加热，从而获得了显著的肉质嫩化效果。

此外，通过在宰前注入肾上腺素，可以降低糖原的含量，进而增强肌肉的pH值，从而实现其嫩化的效果。然而，采用化学和生物手段常常会导致肉类质量的降低。因此，还有很多相似的策略正在被研究和讨论。

三、肉的腐败变质

肉的变质和腐败是指在组织酶和微生物的作用下，肉类发生了质量的改变，最终失去了其食用价值。如果将肉的成熟过程主要归因于糖酵解，那么在肉变质的过程中，主要的变化是蛋白质和脂肪的分解。在自溶酶的作用下，肉的蛋白质分解被称为肉的自溶，由微生物引发的蛋白质分解被称为肉的腐败，而肉中的脂肪分解则被称为酸败。

(一)肉类腐败的原因和条件

健康的动物的血液和肌肉通常保持无菌状态，而肉类的腐烂主要是因为在屠宰、加工和流通等环节受到了外部微生物的污染。微生物的活动不只是改变了肉类的感官特性、颜色、弹性和气味，还严重降低了肉的整体品质，并损害了其营养价值。更糟糕的是，微生物的代谢过程还会产生有毒物质，可能导致食物中毒事件。

新鲜的肉类，尤其是刚被屠宰不久的，通常是酸性的。由于腐败细菌分泌的胰蛋白分解酶在酸性环境中无法发挥作用，这导致腐败细菌无法在酸性环境中获取必要的同化物质，从而限制了其生长和繁殖能力。然而，在酸性环境下，酵母和霉菌能够有效地进行繁殖，并生成蛋白质分解后的氨类等物质，这有助于提升肉类的 pH 值，为腐败细菌提供了优越的繁殖环境。

当新鲜的肉类出现腐败时，其主要的外观表现为颜色和气味的退化，以及表面变得黏稠。微生物活动导致腐败的主要指标是表面的黏附现象。达到这一状态所需的时间与最初被污染的细菌数量密切相关，细菌数量越多，其腐烂速度也就越快。环境的温度和湿度也会对其产生影响，当温度升高和湿度增大时，腐败的风险也随之增加。

(二)肌肉组织的腐败

肌肉组织腐败实际上是蛋白质在微生物作用下发生分解的过程。微生物在分解蛋白质的腐败过程中，通常首先生成蛋白质的水解初产物多肽，然后再将其水解为氨基酸。多肽与水结合生成粘性物质，这些物质附着在肉的外层。这种物质与蛋白质有所区别，它可以溶解在水中。在烹饪过程中，它会被加入到肉汤里，导致肉汤变得粘稠和混浊，这一特性有助于评估肉的新鲜度。

在脱羧反应中，会生成大量的脂肪族、芳香族和杂环族有机碱。这些有机碱是由组氨酸、酪氨酸和色氨酸组成的，它们进一步转化为组胺、酪胺、色胺等一系列的挥发性碱，从而导致肉发生碱性反应。因此，挥发性盐基氮被视为判断肉类新鲜度的关键标准。一级鲜度的数值不超过 $0.15mg/g$，而二级鲜度则不超过或等于 $0.25mg/g$。

有机酸是由氨基酸脱氨基和氨基酸发酵过程生成的,在酶和厌氧微生物的作用下,脱氨基还原生成氨和挥发性脂肪酸。从这可以推断,在肉的腐败分解过程中,会积累一定量的脂肪酸,其中大多数是挥发性的,这些会随着蒸汽的流动而消失,其中90%的挥发酸是醋酸、油酸、丙酸。在分解腐败的初始阶段,主要成分是醋酸,随后转变为油酸。

(三)脂肪的氧化和酸败

经过屠宰的肉在储存过程中,其脂肪容易受到氧化的影响。这种变化最早是由于脂肪组织内部的酶活性引起的,随后是由细菌引发的酸败现象。除此之外,空气中的氧气也可能导致氧化反应。前者是通过加水来分解的,而后者被称作氧化过程。脂肪腐败的演变过程如下所述。

能够生成脂肪酶的细菌有能力将脂肪分解成脂肪酸和甘油。通常情况下,那些具备高效分解蛋白功能的需氧细菌,大部分都能有效地分解脂肪。在分解脂肪的能力上,荧光假单胞菌是最为出色的细菌。与细菌相比,能够分解脂肪的霉菌数量更多,其中常见的包括黄曲霉、黑曲霉和灰绿青霉等。

1.脂肪的氧化酸败

由氧化生成的过氧化物具有很高的不稳定性,这些过氧化物会进一步转化为低质量的脂肪酸、醛、酮等,并且都带有强烈的不良气味。动物体内的脂肪富含大量的不饱和脂肪酸,例如次亚油酸(也称为十八碳三烯酸)。

简言之,脂肪酸败可能经历两个阶段,第一个阶段是由微生物生成的酶触发的脂肪分解过程;第二点是,在空气中的氧、水和光的共同作用下,会发生水解反应和不饱和脂肪酸的氧化过程。这两个过程可能会同时进行,或者由于脂肪的性质和储存环境的差异,它们可能会在某个方面同时发生。

2.脂肪水解

脂肪的水解过程涉及水、高温、脂肪酶以及酸或碱的共同作用,从而产生 3 个脂肪酸分子和 1 个甘油分子。脂肪酸的生成导致油脂的酸性和熔点上升,从而产生了不良的气味,使其变得不宜食用。脂肪的水解作用导致甘油在水中溶解,从而降低了油脂的质量。游离脂肪酸的生成导致脂肪酸的浓度上升,脂肪酸可以被用作水解的深度标志,而在存储环境中,它可以被用作酸败的标志。脂肪中的游离脂肪酸含量会影响脂肪酸败的进程,如果含量过高,酸败的速度会加快。脂肪的分解速率与其水分含量和微生物的污染水平密切相关。当水分过多时,微生物污染变得尤为严重,尤其是在霉菌和分枝杆菌繁殖的过程中,它们会产生大量的解脂酶,这在较高温度条件下会加速脂肪的水解过程。通常通过水解得到的低分子脂肪酸包括蚁酸、醋酸、醛酸、辛酸、壬酸、壬二酸等,并且这些脂肪酸具有不良的气味。

第五节　食品的变色作用

一、酶促褐变的机理

在催化褐变过程中,酚酶是最主要的酶类,其次是如抗坏血酸氧化酶和过氧化物酶这类的氧化酶。通过观察马铃薯被切割后的褐色变化,我们可以理解酚酶的功能。在马铃薯的成分中,赖氨酸这一酚类化合物是酚酶作用的主要底物,其含量是最为丰富的。

在植物的组织结构中,酚类化合物存在,并在完整细胞内作为呼吸过程中质子 H 的传输介质,在酚与醌的关系中维持一个动态的平衡状态,因此,细胞的褐变现象是不会出现的。然而,在组织和细胞遭受损害的情况下,氧气会进入其中,酚类物质在酚酶的催化作用下会被氧化为邻醌,然后迅速地通过聚合反应转化为褐色素或黑色素。醌的生成依赖于酶和氧气的存在,一旦醌形成,随后的化学反应便会自动展开。

在大蒜和白洋葱的加工过程中,粉红色的形成是伴随着的。这种颜色的形成主要是由于氨基酸和其他类似的含氮化合物与邻二酚发生反应,从而生成颜色较深的复合物。形成这种复合物的机制是酚首先通过酶的催化氧化转化为相应的醌,然后醌与氨基酸进行非酶性的缩合反应。

二、其他褐变酶类及其作用

在催化褐变过程中,酚酶是最主要的酶类,其次是如抗坏血酸氧化酶和过氧化物酶这类的氧化酶。当马铃薯被切割后,其内部的褐色物质在水果和蔬菜细胞中普遍存在,而抗坏血酸氧化酶和过氧化物酶也可能导致这种褐变的发生。

抗坏血酸氧化酶具有催化抗坏血酸氧化的能力,其生成的脱氢抗坏血酸在经过脱羧反应后能生成羟基糠醛,并进一步聚合生成黑色素。

过氧化物酶类具有促进酚类化合物氧化、导致褐变的能力,同时也能间接地氧化抗坏血酸。

三、酶促褐变的控制

食品要发生酶催化的褐变,必须满足三个关键条件,分别是多酚类化合物、氧气和氧化酶,这三个条件都是不可或缺的。在某些水果和蔬菜中,例如柠檬、橘子和西瓜,由于它们不含有多酚氧化酶,因此不会出现酶催化的褐变现象。在控制酶引发的褐变过程中,从食品中去除酚类底物的几率极低。一个相对高效的控制策略是激活酶的活性,调整酶的工作环境,隔离氧气,并采用抑制剂等手段。

常用的控制酶促褐变的方法介绍如下。

(一)热处理法

酶是一种蛋白质,当其被加热时,酚酶和其他种类的酶会发生变性并失去其活性。我们必须对加热处理的时间进行严格的管理,确保在尽可能短的时间里,既满足钝化酶的标准,又不损害食品的原始口感。在进行蔬菜的冷冻保存或脱水干制前,需要先在沸水或蒸汽中进行短暂的热烫处理,目的是破坏其中的酶活性。随后,应使用冷水或冷风迅速冷却果蔬,停止热处理,以确保果蔬保持其原有的脆嫩口感。短时间内的高温处理可以导致食物中的所有酶活性丧失,这也是最常用的抑制酶引发褐变的手段。

尽管不同来源的氧化酶对温度的反应各不相同,但在 90～95℃ 的温度下加热 7 秒,大多数氧化酶可能会失去活性。

(二)酸处理法

大部分酚酶在 pH 值为 6～7 的范围内表现最佳,当 pH 值低于 3.0 时,酚酶的活性几乎被完全剥夺。在果蔬加工过程中,降低 pH 值以防止其褐变是最普遍采用的技术手段。通常使用柠檬酸、苹果酸、抗坏血酸和其他有机酸的混合物来降低 pH 值。

(三)二氧化硫及亚硫酸盐处理

二氧化硫、亚硫酸钠、焦亚硫酸钠和亚硫酸氢钠都是酚酶抑制剂中被广泛应用的成分。在这其中,SO_2 和亚硫酸盐作为酚酶的强力抑制剂,在食品工业中有着广泛的应用,例如在蘑菇、马铃薯、桃子、苹果等的加工过程中作为护色剂。

(四)驱氧法

把去皮后切成小块的水果和蔬菜浸泡在清水、糖水或盐水中;也可以采用真空渗透技术,将糖水或盐水渗透到组织内,以排除空气;也可以采用较高浓度的抗坏血酸进行浸泡,以实现氧气的去除。

氯化钠具有一定程度的防止褐变的作用,通常是与柠檬酸和抗坏血酸一同使用。仅当其质量分数达到 20% 时,才能有效地抑制酚酶的活性。

(五)底物改性

通过使用甲基转移酶来对邻二羟基化合物进行甲基化处理,从而产生甲基取代的衍生物,这种方法能够有效地避免褐变的发生。如果使用

S—腺苷蛋氨酸作为甲基供体,在甲基转移酶的催化下,儿茶酚、咖啡酸和绿原酸可以被转化为愈疮木酚。

(六)添加底物类似物竞争性抑制酶活性

在食品的加工流程中,酚酶的类似底物,例如肉桂酸、对位香豆酸和阿魏酸等酚酸,可以竞争性地抑制酚酶的活性,进而实现酶促褐变的控制。

第十章 现代食品生物化学分析技术

第一节 免疫酶技术

一、免疫酶技术原理

免疫酶技术的核心步骤是利用化学偶联方法将酶与抗原（或抗体）结合，从而生成酶的标记物。这一化学偶联效应既不会削弱抗原（抗体）的免疫功能，也不会对酶的活性造成影响。接着，酶标记物与对应的抗体（抗原）进行免疫反应，生成酶标记的免疫复合物，加入该酶的无色底物，酶免疫复合物上的酶催化其水解、氧化或还原，形成一种有色物质。依据抗原和抗体之间的精确结合，以及酶的活跃度与反应液的颜色深浅之间的关系，我们可以对抗原或抗体进行高度灵敏的检测。基于抗原（抗体）的存在模式和酶底物的水溶解性，免疫酶技术可以被分类为采用不溶性底物的酶免疫组化方法和采用可溶性底物的酶免疫分析方法。在免疫酶技术中，经常使用的酶包括辣根过氧化物酶、碱性磷酸酶、脲酶以及半乳糖苷酶等。

以测定抗原为例，酶联免疫吸附法的基本原理是使用酶标板作为载体，在适当的条件下使被测定的抗原被吸附在酶标板的内壁上，形成固定的包被抗原，然后加入针对该抗原的酶标记抗体，可以直接加入酶标记抗体，也可以先加入适当的游离抗体（一抗）与包被抗原反应，然后清洗酶标板去除过量的（游离）一抗，再加入针对一抗的酶标记抗体（二抗），反应后再清洗掉过量的（游离）酶标记二抗，这样，酶标板上就会被抗原—酶标记抗体的二元复合物或抗原—抗—酶标记二抗的三元复合物所包裹。当我们在酶标板的微孔中加入酶的底物溶液时,酶标板上的酶会催化其底物进行反应,从而生成彩色物质。在特定的条件下,酶标板上的酶含量与待测抗原的数量呈正相关,同时催化反应生成的溶液颜色的深浅也与酶标板上的酶含量成正比。因此,通过使用酶标仪来测量微孔中溶液的吸光度,就能准确地计算出待测抗原的数量。测定抗体的基本原理是一致的。

根据不同的测定方法,酶联免疫吸附法可以被分类为直接法、间接法以及夹心法等几种。直接法是一种通过将酶标抗体(抗原)直接与包裹在酶标板上的抗原(抗体)结合,形成酶标记复合物,然后加入酶的底物,反应完成后测定吸光度,并据此计算出包裹在酶标板上的抗原(抗体)含量的方法。这种方法被广泛应用于抗原或抗体的检测,特别是用于确定抗体的总浓度。间接法是一种将酶标记在二抗上的方法,当抗体(一抗)与包裹在酶标板上的抗原结合形成复合物后,再用酶标二抗与复合物结合,然后加入酶的底物,反应后测定吸光度,并据此计算包被在酶标板上的抗原(抗体)含量。这种方法主要是为了检测特定的抗体。夹心法的工作原理是首先将未标记的抗体(即一抗)固定在酶标板上,然后加入含有待测抗原的溶液。通过抗原和抗体的反应,将待测抗原捕获并固定在酶标板上。接着,加入用酶标记的抗体(或二抗)进行反应,形成一抗-抗原-酶标记的二抗三元复合物。最后,加入酶的底物,反应完成后测定吸光度,并据此计算抗原含量。这种方法主要是为了测量大分子的抗原物质。

拿间接法来说,酶联免疫吸附法的详细操作步骤涵盖了抗原的包裹、封闭、抗原与抗体的反应、酶标二抗与抗原和抗体的复合物反应,以及底物的显色反应。这样做可以避免抗体在这些空隙中非特异性地吸附,从而避免实验数值过高的问题,并提高实验的准确性。在进行封阻处理后,将待测溶液或血清加入到微孔中进行孵育,以确保固相抗原与待测抗体能够充分结合。反应完成后,清洗掉未结合的非特异性抗体和其他杂质,然后加入酶标抗体(二抗)进行孵育,形成固相抗原-待测抗体-酶标二抗复合物。再次清洗去除未结合的酶标二抗后,加入酶的无色底物,进行催化显色,并使用酶标仪测定吸光度。

二、免疫酶技术在食品分析中的应用

(一)在食品微生物鉴定中的应用

在食品安全和质量控制中,微生物鉴定被视为核心技术,特别是对于食品中的腐败微生物和病原性微生物的鉴别显得尤为关键。科研团队成功地制备了单克隆抗体,用于分析食品中的伤寒沙门氏菌,其分析结果既准确又可靠。此外,该抗体与其他沙门氏菌的交叉反应率极低,并且与金黄色葡萄球菌和大肠杆菌没有交叉反应。利用磁性免疫融合技术,我们将单克隆抗体与磁珠相结合,并使用 ELISA 方法来检测李斯特菌的存在情况。现在,沙门氏菌、金黄色葡萄球菌、大肠杆菌、李斯特菌、蜡状芽孢杆菌、志贺氏菌和副溶血性弧菌等微生物都可以通过免疫学的手段来进行详细的分析和检测。

(二)在食品抗生素及农药残留检测中的应用

食品中的抗生素残余主要源于用于预防和控制动植物疾病的抗生素农药和兽用药物。免疫学的分析技术是近期涌现的一种能够迅速且精确地检测食品中抗生素残余的手段。

在最近的几年中,关于食品中农药残留的免疫学检测技术的研究已经取得了巨大的突破,并有众多的学术文献进行了报道。我们检测的食品种类繁多,涵盖了水果、蔬菜、饮品、啤酒、葡萄酒、各种颜色、肉类、猪油、牛奶、植物油、蜂蜜、各种豆类、谷物以及谷物的加工制品等;所测试的农药种类相当广泛,涵盖了有机磷类、氨基甲酸酯类、有机氯类、三嗪类、拟除虫菊酯类以及酰胺类等。

(三)在食品中的毒素检测中的应用

食品中的有害物质主要源于两个方面,其一是由污染的产毒微生物引起的,例如金黄色葡萄球菌的肠毒素、大肠杆菌的肠毒素、肉毒状芽孢杆菌的毒素和黄曲霉的毒素等;从另一个角度看,食物在其生长周期中会自行生成,例如贝类毒素、菌麻毒素和食物过敏源等。科研团队使用辣根过氧化氢酶来标记具有高亲和力的黄曲霉毒素 B1 抗体,并据此建立了黄曲霉毒素的 ELISA 快速筛选技术。

第二节　生物传感器分析技术

一、生物传感器概念、组成及分类

(一)生物传感器的概念

传感器的定义是将一种难以或无法测量的信号转化为另一种更易于测量的信号的部件。传感器可以被分类为物理传感器、化学传感器以及生物传感器。生物传感器是一种特殊类型的传感器,它将具有分子识别能力的生物活性物质,如酶、蛋白质、抗原、抗体、生物膜和细胞等,作为敏感组件,固定在特定的换能器上进行测量。生物传感器的命名是基于其感应元件的来源。

(二)生物传感器的组成

在狭义上,生物传感器是由生物接收器和换能器组成的,而在广义上,生物传感器是由生物接收器、换能器和测量系统组成的。生物接受器,也被称为生物识别元件,是生物传感器的关键组成部分。它是通过固定化处理酶、抗原、抗体、细胞等具有生物分子识别功能的材料而形成的一种薄膜结构,能够对被测试的物质进行高灵敏度、选择性的识别和结合。换能器是一种元件,其功能是捕获生物接受器上生化反应产生的反应物或底物的变化量或光、热等信号的强度等,并将这些可以遵循的数学关系转化为电信号。根据需要转换的信号类型的不同,所使用的换能器种类也会有所不同。信号放大装置和测量仪表是测量系统的主要组成部分。信号放大设备可以处理换能器生成的电信号,并将其放大后输出,从而方便测量仪器进行准确和高效的测量。

(三)生物传感器的分类

生物传感器的分类可以基于其生物接收器的组成材料,或者根据所使用的换能器种类来进行。在前述情境中,生物传感器可以被分类为酶传感器、微生物传感器、免疫传感器、组织传感器、细胞传感器、细胞器传感器以及 DNA 传感器等几种。在后一种场景中,生物传感器可以被分类为以下几种:电化学生物传感器、介体生物传感器、光学型生物传感器、半导体生物传感器、量热型生物传感器以及压电晶体生物传感器。电化学生物传感器可以进一步细分为电位型生物传感器、安培型生物传感器以及电导型生物传感器。

结合不同种类的生物接收器和各种换能器,我们可以创造出众多的生物传感设备。理论上,不同种类的生物接收器和换能器可以相互匹配并产生电信号,但在实际操作中,这是不可能实现的。例如,量热换能器就不能捕捉和转换一个没有热熵变化的酶促反应信号。电化学换能器与酶之间的匹配相对简单,这种类型的生物传感器已经在市场上销售,但其他匹配方法则相对复杂,目前这些生物传感器还在研发阶段。

二、生物传感器的原理

生物传感器的工作原理基于被测分子与固定在生物接收器上的敏感物质进行特定的结合,并触发生物化学反应,从而产生如热力、离子强度、pH 值、颜色或质量的变化等多种信号。在特定条件下,这些反应产生的信号强度与特定结合的被测分子数量之间存在数学联系。这些信号在经过换能器转化为电信号后,会被放大进行测量,从而间接地确定被测分子的数量。然而,在某些特定情况下,当被测分子进行生化反应时产生的信号强度过低,导致换能器无法正常工作,这时需要采用生物放大的方法来处理这些反应信号。因此,生物传感器的工作机制主要涉及到生物分子的特定识别、生物放大以及信号的转化。

(一)生物分子特异性识别

生物传感器中的生物分子特异性识别机制是指,固定在生物接收器内的生物分子能够有选择性地与待测样本中的特定成分结合,而不会受到样本中其他成分的干扰。固定在生物接收器内的各种生物分子,如酶、抗原(抗体)、细胞、组织和 DNA 等,它们进行生物分子特定识别的机制各不相同。酶分子能够实现特异性识别的核心机制是,酶分子仅能与其特定的底物、辅酶和抑制剂进行结合,而不能与其他类型的分子发生结合。酶分子的特定识别能力是由其活性中心所决策的。细胞和组织的特异性结合在本质上也是酶分子特异性识别的一部分。抗原与抗体之间的特定结合是由它们的反应特性所决定的,而 DNA 分子则是利用碱基之间的互补性来完成分子的识别过程。

(二)生物放大

生物传感器具有两大显著特性:高特异性和高灵敏度。其中,高特异性是由生物分子的特异性识别所决定的,而传感器的高灵敏度则主要依赖于换能器和信号放大装置的性能,以及测定反应的生物放大作用。生物放大作用是一种方法,它模拟并利用生物体内的特定生化反应,通过分析反应过程中产量大、变化大或容易检测的物质,从而间接确定反应中产量小、变化小、不易检测物质的(变化)量。利用生物放大的理念,我们能够显著增强分析和测试的敏感性。在生物传感器领域,常见的生物放大技术包括酶催化放大、酶溶出放大、酶级联放大、脂质体技术、聚合酶链式反应以及离子通道放大等,这些技术的工作原理可以在相关文献中找到详细描述。

(三)信号转换

当固定在生物接收器上的生物分子与目标分子完成分子的识别后,它们会经历一系列特定的生物化学反应。这些化学反应伴随着换能器能够捕捉的一系列量的变化,包括化学成分(如含量、离子浓度、pH 值、气体生成等)、热熵、光照和颜色的改变。换能器能够捕捉这些数量变化的信号,并将其转化为容易测量的电子信号。在生物化学领域,常用的换能器包括 Clark 氧电极(用于测定氧气量的变化)、过氧化氢电极(用于测定过氧化氢量的变化)、氢离子电极(用于测量 pH 值的变化)、氨敏电极(用于测定氨气生成量)、二氧化碳电极(用于测定二氧化碳生成量)以及离子敏场效应晶体管(用于测定离子强度的变化)。这些换能器可以根据需要转化的信号类型来选择。将热能转换为电子信号需要依赖热敏电阻来实现。要将光信号转换为电信号,我们需要依赖光纤和光电倍增管来实现。

三、生物传感器在食品分析中的应用

(一)在食物基本成分的快速分析中的应用

生物传感器能够迅速分析大部分食物的基本成分,目前已经成功试验或应用的对象包括蛋白质、氨基酸、糖类、有机酸、醇类、食品添加剂、维生素、矿质元素、胆固醇等。在20世纪的尾声,科研团队成功地开发了一种基于过氧化氢检测技术的电流型酶电极,专门用于蛋白质的测定。

目前,氨基酸生物传感器的研究主要聚焦于谷氨酸、必需氨基酸以及一些稀有氨基酸,其中谷氨酸生物传感器的研究范围最广,也是最成熟的。包括葡萄糖和蔗糖在内的多种单糖和双糖,以及一些用于测定低聚糖的生物传感器已经被成功开发,其中一些已经开始在工业领域得到应用。

(二)在食品中农药、抗生素及有毒物质的分析中的应用

通过利用农药对特定酶(例如乙酰胆碱酯酶)活性的抑制效应来开发酶传感器,以及通过农药与特定抗体的结合反应来开发免疫传感器,这些方法在食品残留农药检测领域得到了广泛的关注和研究。食品中的有害成分主要是生物性毒素,其中细菌毒素和真菌毒素的危害尤为严重。

(三)在食品有害微生物检测中的应用

尽管标准平皿计数是目前用于测定食品中微生物的标准手段,但其复杂和耗时的操作方式已经不能满足现代食品产业对微生物检测的需求。生物传感器因其迅速和敏感的性质,在检测食品中的有害微生物时展现出了巨大的活力。某些实验已经成功地证明,结合光纤传感器和聚合酶链式反应的生物放大效应,可以有效地检测食品中的李斯特菌单细胞基因。而使用酶免疫电流型生物传感器则可以检测食品中的沙门氏

菌、大肠杆菌和金黄色葡萄球菌等微生物。

(四)在食品新鲜度评价中的应用

食品的新鲜度被视为一个关键的评价标准,而传统上,我们使用感官法来评估食物的新鲜度,但这种方法的客观性并不强,也难以进行精确的量化。利用生物传感器作为评估食物新鲜度的工具,使得这一评估过程更加客观和精确。当前,这一领域的研究和应用主要聚焦于评估鱼肉、畜禽肉以及牛乳的新鲜度。在食物腐败的全过程中,都会伴随着一系列特殊的生物化学变化,包括细菌数量的增加、胺类物质的生成、糖原的降解以及核苷酸的降解等。因此,针对不同的测量目标,我们可以选择使用各种生物传感器。

(五)在食品感官评定中的应用

日本农林水产省成功开发了一款生物传感器,能够对肉汤的口感进行精确评估。该研究使用酶柱氧电极和流动注射分析系统来测定谷氨酸、肌苷酸和乳酸的含量,并利用金属半导体传感器来测定其香气。最后,通过多元回归分析对多种风味进行了评估,得出的综合指标与使用高效液相色谱进行的测定结果高度一致。利用动物的味觉或嗅觉器官中的化学识别分子来开发味觉传感器或仿生味觉传感器也变得非常受欢迎。

(六)在生化过程自动控制中的应用

在制酒的过程当中,葡萄糖与乙醇的浓度成为了关键的参考标准。通过将乙醇氧化酶和葡萄糖氧化酶固定为生物接收器,并与电极进行连接,所制造出的生物传感器能够实时监测葡萄糖和乙醇的浓度,该传感器具有连续测量 500 次的能力,并且响应时间为 20 秒。在控制发酵过程中,我们始终需要一种简便且连续的方式来直接测量细胞的数量。研究者们观察到,在阳极的表面上,细菌能够被直接氧化并产生电流。这一电化学系统已经被用于测定细胞数量,其得出的数据与传统的菌斑计数方法是一致的。

第三节 DNA 芯片分析技术

一、DNA 芯片的基本原理

DNA 芯片的操作机制与核酸 Southern 印迹杂交或 Northern 印迹杂交在碱基互补配对原则上有许多相似之处,其核心目标是能够一次性高效地分析众多的 DNA 序列。通过将众多已知的基因片段(如目标基因)以微阵列形式固定在支持材料上(如硅片、玻璃片或塑料片等),我们制造了 DNA 芯片。随后,待测样品(DNA 片段)被用荧光染料标记,制成探针,并与固定在支持材料上的目标基因进行杂交。杂交完成后,我们对芯片进行了严格的清洗,移除了未与目标基因杂交或与目标基因杂交强度较低的探针 DNA 分子,并使用荧光检测器来量化分子杂交信号的强度。一方面,探针与靶基因完全匹配时产生的荧光信号比探针与靶基因不完全匹配时高出数十倍以上,因此,精确测定荧光信号的强度可以确保检测的特异性;另一方面,通过检测每个靶基因的杂交信号强度,可以了解样品中的分子种类数量和序列信息。

二、DNA 芯片的工作流程

DNA 芯片的操作步骤包括将不同大小和序列的片段分别纯化,然后使用机械手臂以高速将这些片段以高密度和有序的方式固定在选定的载体上,从而制作出 DNA 微阵列。当反应完成后,我们去除了载体上未发生互补结合反应的部分,并对微阵列进行了激光共聚焦扫描,从而测定了微阵列上各位置的荧光强度,并据此计算了待测样品中各基因的表达水平。

(一)载体选择

DNA 芯片载体是用于固定靶基因使其以不溶性状态行使其功能的片状固相材料,常用于制备 DNA 芯片的载体主要有载玻片、硅片、塑料片、硝酸纤维膜、尼龙膜等。作为生物芯片的载体应满足以下4个方面的要求:一是载体表面必须有足够的活性基团,或载体表面经适当化学处理后在表面应容易产生高密度活性基团,以便固定数量庞大的靶基因;二是载体应具有良好的化学稳定性和一定的机械强度;三是作为载体的构成物质应是惰性材料,不对在其上面进行的生化反应有任何影响;四是具有良好的兼容性,适用于各种荧光检测和机械加工。

(二)芯片制备

DNA芯片制备前首先要根据实验待测样品的性质选择所要制备的DNA芯片的类型,并根据其类型选择适宜的制备方法。具体来说,DNA芯片的制备方法可分为原位合成法和合成后点样法。

原位合成法适合于制备以寡核苷酸为靶基因的DNA芯片,它是以单体核苷酸为原料在芯片表面合成不同的寡核苷酸。按照寡核苷酸合成原理的不同又可分为光介导法和压电打印法。光介导法是先将载体表面羟基化,并用光敏试剂保护,合成时利用避光膜仅使芯片表面需要合成的位点的保护羟基(或核苷酸分子另一端的羟基)发生光解并与分子一端用传统核酸固相合成法活化的单体核苷酸发生偶联反应,反应后核苷酸分子另一端的羟基处于光敏剂保护状态,每光照一次就能使寡核苷酸链延长1个碱基,反复多次就可以实现寡核苷酸在芯片表面的原位合成。光介导法合成的寡核苷酸的长度一般少于30个碱基。压电打印法其原理与普通彩色喷墨打印机相似,支持物经活化后,在计算机的控制下装有4种不同碱基的4个墨盒的喷头根据芯片上不同位点寡核苷酸合成对单体核苷酸的需要移动并将特定核苷酸精确喷印在需要位点上,合成过程中的去保护、偶联、冲洗等操作与一般核酸固相原位合成法相同。

根据点样的方式可分为喷点(非接触式)和针点(接触式)。针点法能实现高密度点,样斑小,但定量准确性和重显性差,点样针头容易堵塞;而喷点法定量准确性高,重显性好,但样斑大,点样密度低。

(三)样品制备

一般DNA芯片分析样品的制备包括分离、扩增和标记。分离主要是指分析对象存在于细胞或生物组织中时,需要将它们从材料中分离出来,减少杂质对分析过程的干扰以及对芯片的污染。当然对于分析对象是 PCR 产物或人工合成的寡核苷酸就不需要分离过程。

(四)杂交

杂交是 DNA 芯片操作中的关键步骤,其目的是使样品中的标记序列按照碱基互补配对原则与靶基因进行结合。这一过程在基因芯片自动孵育装置中进行,仅需数秒钟。杂交条件的选择是这一过程的重点。如果芯片用于检测基因表达,需要的严谨性较低,杂交需要长时间,高盐浓度和低温度;如果用于突变检测,要鉴别出单碱基错配,需要较高的杂交严谨性,反应在短时间,低盐浓度,高温下进行。

(五)杂交图谱检测

杂交图谱检测一般又称为读片,即用激光共聚焦荧光扫描显微镜对 DNA 芯片的每个点进行检测。由于样品与探针严格配对比具有错配碱基的双链分子具有较高的热力学稳定性,所产生的荧光强度也高很多,错配碱基双链分子的荧光强度不及正确配对的 $1/35 \sim 1/5$,不能杂交则检测不到荧光信号。所以经荧光扫描后就可以得到 1 张表示芯片上各点荧光强度的点阵图谱。

(六)数据分析处理

数据分析处理是对芯片点阵图谱进行处理,获得每个杂交点的荧光强度并进行定量分析,通过有效数据筛选,整合杂交点的生物信息,进而对实验结果进行解释的过程。此过程主要包括图谱处理、数据入库、数据标准化、比值分析、聚类分析等过程,所有这些过程都可以借助计算机利用有关软件进行操作。

三、DNA 芯片在食品工业中的应用

(一)在食源性肠道病原体检测中的应用

基因芯片技术的发展,为鉴别诊断大量肠道病原菌及多个标本的同

时检测提供了可能,减少了工作量,缩短了诊断时间,该技术有利于建立快速灵敏的细菌病原体特征和鉴别诊断的自动分析系统。

(二)在食品营养学研究中的应用

采用基因芯片技术研究营养素与蛋白和基因表达的关系,将为揭示肥胖的发生机理及预防打下基础。此外,营养与肿瘤相关基因表达的研究,如癌基因、抑癌基因的表达与突变;营养与心脑血管疾病关系的分子水平研究;营养与高血压、糖尿病、免疫系统疾病、神经、内分泌系统关系的分子水平研究。还可以利用生物芯片技术研究金属硫蛋白基因及锌转运体基因等与锌等微量元素的吸收、转运与分布的关系;视黄醇受体、视黄醇受体基因与维生素 A 的吸收、转运与代谢的关系等。

(三)在食品毒理学研究中的应用

基因芯片在食品毒理学中的应用主要集中在毒物的筛选及毒作用机制的研究、拓宽环境因素致癌性评价的新思路、改变毒理学实验传统模式等方面。筛选出对人体有毒性作用或潜在毒作用的物质并采取适当的预防措施是毒理学研究的主要内容。目前已知的毒物仅占有毒物质很小的比例,因此,如何快速、准确、可靠的筛选毒物是毒理学家所面临的一大挑战。利用基因芯片技术可以更高效地监测环境有害物质及其 DNA 效应,并可通过化学结构的相似性和基因表达模式的匹配性来迅速确定未知毒物的作用机制。以动物模型为主的传统毒理学实验由于其需要大量动物、费时、种属差异大、给予剂量过高等因素决定了它是一种粗糙的、对动物不人道的技术。许多国家都主张削减动物实验,用其他更有效的方法来替代。虽然基因芯片不能完全取代动物实验,但它可以提供有价值的信息以免做许多不必要的动物实验,降低动物消耗、经费和时间。而且基因芯片可在近似于人暴露的低剂量水平进行研究,能更真实地反映暴露水平下人体对化学物的反应。

(四)在食品卫生控制中的应用

生物芯片在食品卫生方面也具有较好的应用前景。食品营养成分的分析(蛋白质),食品中有毒、有害化学物质的分析,食品中污染的致病微生物的检测,食品中生物毒素(细菌毒素、真菌毒素)的检测等大量的监督检测工作几乎都可以用生物芯片来完成。

第四节 PCR 分析技术

一、PCR 的原理及基本过程

PCR 对特定 DNA 片段的扩增是通过体外酶促反应模仿体内 DNA 分子的复制原理实现的,是由引物介导、DNA 聚合酶催化进行的特异性 DNA 的复制过程。PCR 的全过程是由变性、退火和延伸三步组成的若干个循环构成的。变性就是将模板 DNA 置于 95℃的高温下,使双链 DNA 分子解旋变成单链 DNA 分子的过程。退火是向反应体系中加入引物后,使反应体系的温度降低到 55℃左右,使得一对引物按碱基配对原则分别与两条游离的单链结合的过程。

二、PCR 的反应体系

两个寡聚核苷酸引物的设计是 PCR 的关键。要求两个引物的序列要能和模板 DNA 分子两端特异性地结合,而自身不能自我互补或二者相互结合形成二聚体。引物设计的好坏直接关系到 PCR 的成败。

三、PCR 的分类

根据 PCR 操作方式或使用目的的不同,可将其分为普通 PCR、原位 PCR、逆转录 PCR,锚定 PCR、反向 PCR 等。

(一)普通 PCR

普通 PCR 是使用从组织或细胞中分离出来或人工合成的离体模板 DNA 进行扩增的。

(二)原位 PCR

原位 PCR 是使用细胞或组织来源的 DNA 作为模板进行扩增,是将细胞或组织经固定液处理后,使其具有一定的通透性,可使 PCR 试剂进入。接着就已存在于细胞或组织中的 DNA 为模板进行原位扩增。可以利用原位 PCR 检测动植物组织中感染的病毒或细菌,也就是说,原位 PCR 具有可定位的优势。

(三)锚定 PCR

锚定 PCR 是针对一端序列已知而另一端序列未知的 DNA 片段,可以通过 DNA 末端转移酶给未知序列的一端加上一段多聚的 dG 尾巴,然后分别用多聚 dC 和已知序列作为引物进行 PCR。

(四)反向 PCR

反向 PCR 适合于扩增已知序列两端的未知序列。如果在目的基因中间有一段已知序列就可以用此法进行扩增。其具体做法是选择一种在中间已知序列中没有酶切位点,而在已知序列两端的未知序列都有酶切位点的核酸内切酶对待扩增片段进行酶解。然后,将酶解后获得的含有已知序列的片段在 DNA 连接酶的作用下环化。根据已知序列的两端设计两个引物,以环状分子为模板进行 PCR,就可以扩增出已知序列两端的未知序列。

四、PCR 在食品工业中的应用

(一)在转基因食品检测中的应用

利用 PCR 技术检测转基因食品,大致的程序为:提取待测样品 DNA—设计引物进行 PCR、PCR 产物凝胶电泳检测。将模板 DNA 从待测样品中提取出来并纯化是阳性个体筛选的第一步,不同的食物材料提取方法可能会不一样。由于提取的 DNA 是和细胞内的蛋白质、RNA、多糖及其他杂质混合在一起,提取过程中必须利用不同的试剂和不同的方法将这些杂质去除。目前一些商品化的 DNA 提取试剂盒的效果比较理想。提取后的 DNA 经琼脂糖凝胶电泳检测完整性,同时通过紫外分光光度计测定纯度并定量后就可以用于 PCR 分析。PCR 技术能否可靠地检测转基因食品中的外源基因成分,引物的设计是非常关键的因素。一般在转基因操作中外源基因都含有目的基因、启动子和终止子。PCR 方法检测转基因食品实际上就是针对这些序列的检测,因为不同的转基因植物其目的基因可能千差万别,在大多数情况下是无法针对目的基因设计引物并进行检测。

(二)在食品微生物鉴定和分析中的应用

对食品中单核细胞增生性李斯特菌的检测,过去一直缺乏简单快速的分离鉴定技术。克隆培养的标准方法往往需要 3～4 周的时间才能得出结果;血清学检测方法也存在着特异性、敏感性差等问题。采用 PCR 技术对食品中李斯特菌的溶血 O－基因进行扩增,结果可在 12 h 内完成整个检测过程,且样品中只需要含有 5～50 个细菌细胞即可被检出。研究人员建立了检测金黄色葡萄球菌中毒休克综合征毒素基因的 PCR 技术,可在较短的时间内检出葡萄球菌毒株,并且具有极高的特异性和敏感性。用 PCR 法检测大肠杆菌和大肠菌群,在采样后 54 h 即可完成,而常规方法需 2～3d。王颖群等根据肉毒神经毒素的基因序列设计引物,同时扩增 A 型、B 型、E 型和 F 型毒素的基因,在 54 h 内即可确定这几种类型的肉毒羧菌在食品中存在与否。

(三)在食品原料种类鉴定中的应用

同一种食品原料的不同品种在市场上往往价格差异较大,因此,为保护消费者的利益和保护野生、稀有动植物的生存,对食品原料种类进行鉴定是非常必要的。对于食品原料一般从其外部形态特点即可鉴别其种类,还可以对原料进行蛋白质分析,将原料中的水溶性蛋白质经等电聚焦后观察是否有种属特异的蛋白质谱带。但对于加工食品,尤其是经过热处理的食品,如烟熏、蒸煮、煎炸等加工使水溶性蛋白质不可逆变性而不可溶,则需要采取其他手段进行鉴定。基于 DNA 分析的 PCR 技术在鱼、肉产品的鉴别中研究较多。对经热加工的鱼、肉类来说,通常 DNA 严重降解,以至仅可检测到 100 bp 的片段,给鉴定工作带来一定的难度。用细胞色素 b 基因的短片段进行扩增,采用 PCR 方法可得到快速准确的结论。用多重 PCR 同时鉴定 6 种肉类,从牛、猪、鸡、绵羊、山羊和马肉中提取 DNA 与引物以一定比例混合后进行 PCR 扩增,35 个扩增循环后,从山羊、鸡、牛,绵羊、猪和马肉的扩增产物中分离出长度分别为 157bp、227bp、274bp、331bp、298bp 和 439bp 的 DNA 片段,且相互间无交叉反应,因此可根据 DNA 的长度来鉴别这几种肉类。

第十一章 常用分子生物学技术

第一节 分子杂交与印迹技术

一、核酸分子印迹与杂交技术

杂交技术是分子生物学中最常用并且是应用范围最广的基本技术方法之一。分子杂交主要分为核酸分子杂交,抗原抗体杂交和蛋白质与核酸互作杂交。核酸分子杂交的基本原理是:具有一定同源性的两条核酸单链分子在适宜的温度及离子强度等条件下可按碱基互补原则退火形成杂交核酸双链分子。此杂交过程是高度特异性的。

核酸分子杂交的高度特异性及检测方法的高度灵敏性使得核酸分子杂交技术在分子生物学领域中被广泛应用于基因克隆的筛选和酶切图谱制作、基因组中特定基因序列的定量和定性检测、基因突变分析及疾病的诊断等方面。分子生物学的迅猛发展也得益于核酸分子杂交技术的不断应用。分子生物学得以发展到今天这种水平,核酸分子杂交技术起着重要的作用。

核酸分子杂交有多种类型,核酸分子杂交的双方是探针和待测核酸序列。探针是用于检测的已知核酸片段。为了便于示踪,探针必须用一定的手段加以标记,以利于随后的检测。常用的标记物是放射性核素,近年来也发展了一些非放射性标记物。检测这些标记物的方法都是极其灵敏的。待测核酸序列可以是克隆的基因片段,也可以是未克隆化的基因组 DNA 和细胞总 RNA。将核酸从细胞中分离纯化后可以在体外与探针进行膜上印迹杂交,也可直接在组织切片上进行荧光原位杂交,分子信标也是比较常见的杂交技术。

(一)Southern 印迹杂交

利用 Southern 印迹杂交可以检测靶 DNA 分子中是否存在与探针序列相同或相似的序列。进行 Southern 印迹杂交时,首先利用限制性内切酶将靶 DNA 切割成较小的片段,再将酶切后的 DNA 片段通过琼脂糖凝胶电泳按大小分离。用 NaOH 溶液浸泡凝胶使 DNA 片段在原位变性后,通过电流或者毛细管作用将单链 DNA 转移到一张尼龙膜上,并通过烘烤或紫外线照射将单链 DNA 牢固地结合在膜上。然后将此膜放入含有放射线同位素标记的探针分子的溶液中。随着溶液在滤膜表面来回晃动,探针分子与结合在膜上的同源序列互补配对形成杂交体。漂洗除去多余的探针分子,经放射自显影,与探针的核苷酸序列同源的待测 DNA 片段便可被成功鉴定出来。

DNA 探针与固定在膜上的 DNA 的杂交是 Southern 印迹杂交的核心。相应地,将来自特定细胞或组织中的 RNA 样品进行凝胶电泳分离后,从电泳凝胶转移到支持物上进行核酸杂交的方法称为 Northern 印迹杂交。

(二)Northern 印迹杂交

如果未知 RNA 旁边的泳道上有已知大小的标准 RNA,就可以知道与探针杂交发亮的 RNA 条带的大小。Northern 印迹还可以告诉我们基因转录物的丰度,条带所含 RNA 越多,与之结合的探针就越多,曝光后胶片上的条带就越黑,可以通过密度计测量条带的吸光度来定量条带的黑度,或用磷屏成像法直接定量条带上标记的量。

RNA 印迹法与 DNA 印迹法基本一致,但存在以下不同:其一,RNA 样品先变性后电泳,以确保 RNA 电泳时呈单链状态,才能按分子大小分离;其二,RNA 样品只能用甲醛等变性,不能用碱变性,因为碱会导致 RNA 降解。

(三)荧光原位杂交

荧光原位杂交是以荧光标记的 DNA 分子为探针,与完整染色体杂交的一种方法,染色体上的杂交信号直接给出了探针序列在染色体上的位置。进行原位杂交时,需要打开染色体 DNA 的双螺旋结构使其成为单链分子,只有这样染色体 DNA 才能与探针互补配对。使染色体 DNA 变性而又不破坏其形态特征的标准方法是将染色体干燥在玻璃片上,再用甲酰胺处理。FISH 最初用于中期染色体。中期染色体高度凝缩,每条染色体都具有可识别的形态特征,因此对于探针在染色体上的大概位置非常容易确定。使用中期染色体的缺点是,由于它的高度凝缩的性质,只能进行低分辨率作图,两个标记至少相距 1Mb 以上才能形成独立的杂交信号而被分辨出来。

与使用染色体作为模板进行荧光原位杂交的普通 FISH 技术相比,Fiber－FISH 的优势非常明显,主要体现在以下几点:第一,分辨率大大提高,为 1~2 kb;第二,线性 DNA 分子在 FISH 中展示的长度可直接转换为序列的长度(kb),为高精度物理图谱的构建提供了一种新的手段;第三,可以直接确定探针在不同 DNA 序列之间的排列关系,并且具有快速,直接,准确的优点,为利用 FISH 技术开展比较基因组研究提供了便利。

(四)斑点印迹杂交和狭线印迹杂交

斑点印迹杂交和狭线印迹杂交,是在 Southern 印迹杂交的基础上发展而来的两种类似的快速检测特异核酸分子的杂交技术。两种方法的基本原理和操作步骤基本相同,即通过特殊的加样装置将变性的 DNA 或 RNA 样品,直接转移到适当的杂交滤膜上,然后与核酸探针分子进行杂交以检测核酸样品中是否存在特定的 DNA 或 RNA。两者区别主要是点样点形状不同。因此这种方法操作简便,耗时短,可做半定量分析,一张膜可同时检测多个样品,对于核酸粗提样品的检测效果较好。

(五)分子信标

分子信标是一种特殊的荧光探针,想要发出荧光的话这种探针只有与靶 DNA 结合后才可以做到。自由状态时,分子信标为一茎环结构,荧光基团与猝灭基团相互靠近,荧光几乎完全猝灭。加入靶序列后分子信标可与完全互补的靶序列形成更加稳定的异源双链杂交体,使得荧光基团与猝灭基团之间的空间距离增大,荧光恢复。分子信标操作简单,敏感性和特异性高,甚至可用于单个碱基突变的检测。

二、蛋白质印迹技术

蛋白质印迹法又称免疫印迹法,其分析的样品是蛋白质。蛋白质印迹法包括以下两种方法:

一种为 Western blotting,是将 SDS—聚丙烯酰胺凝胶电泳凝胶中的蛋白质转移到固相膜上进行免疫学分析。

另一种为 Eastem blotting,是将等电点聚焦电泳(IEF)凝胶中的蛋白质样品进行印迹分析,用于研究蛋白质的翻译后修饰。

除此之外,蛋白质印迹法也包括电泳,印迹和杂交等基本操作,但有以下不同:其一,只能用聚丙烯酰胺凝胶电泳分离样品;其二,只能用电转移法印迹;其三,"探针"是能与目的蛋白特异性结合的标记抗体。

蛋白质印迹法综合了聚丙烯酰胺凝胶电泳分辨率高和固相免疫分析特异性高、灵敏度高等优点,可以用于定性和半定量分析混合物中的蛋白质。

第二节　基因转移和基因剔除技术

一、核转移技术

核转移技术也称为体细胞克隆技术,是用显微操作,电融合等方法将动物体细胞的细胞核全部导入另一个体的去除细胞核的卵细胞内,使之发育成为个体。核转移技术可以使一个细胞变成一个个体,这样产生的个体所携带的遗传物质与细胞核供体的遗传物质完全一样,是一种无性繁殖的过程,故称为克隆。通过核转移技术可以产生很多个遗传相同的个体。

二、基因剔除技术

基因剔除又称基因打靶,是一种通过分子生物学的方法定向地敲除动物体细胞内的某个基因的技术,目前主要在小鼠胚胎干细胞(ES 细胞)中进行。

基因剔除的基本原理是:通过 DNA 定点同源重组,使 ES 细胞特定的内源基因被破坏而造成其功能丧失。这种基因剔除技术可以在细胞水平进行,从而建立基因剔除细胞系,也可以用显微注射的方法将 ES 细胞移入小鼠囊胚中,再移植到假孕母鼠内使其发育成为嵌合体小鼠,经过适当的交配,获得基因剔除小鼠。

基因剔除的基本过程包括:

①应用同源基因 DNA 片段构建含有失活的目的基因的载体;

②用显微注射法将含有失活目的基因的载体导入 ES 细胞,在细胞核内与 ES 细胞染色体的相应基因发生同源重组,替代 ES 细胞中原有的正常基因,从而得到基因剔除(含有失活基因)的 ES 细胞;

③将 ES 细胞注射入小鼠的囊胚中,使其与囊胚中的细胞共同组成囊胚内的细胞团;

④将含有基因剔除 ES 细胞的囊胚移植到假孕小鼠的子宫中,使之发育成一种既含基因剔除细胞又含正常细胞的嵌合体小鼠;

⑤将嵌合体小鼠与正常小鼠交配,最终筛选出基因剔除的纯合子小鼠。

基因剔除技术自出现以来,从载体构建、细胞的筛选到动物模型的建立各方面均得到了飞速发展,各种方法也层出不穷。其中 CreLoxP 系统能够有效地控制靶细胞的发育阶段和组织类型,实现特定基因在特定时间和(或)空间的功能研究;转座子系统具有高通量(可以同时进行多基因功能研究),易于操作和所需时间短的特点;基因捕获技术能够高效获得基因剔除小鼠,有利于进行小鼠基因组文库的研究。此外,还有进退策略法、双置换法、标记和交换法、重组酶介导的盒子交换法等基因剔除技术均在不同程度上补充和完善了基因剔除技术。

基因剔除技术的诞生是分子生物学技术上继转基因技术后的又一革命。尤其是条件性、诱导性基因打靶系统的建立，使得对基因靶位时间和空间上的操作更加明确，效果也更加精确和可靠，它的发展将为发育生物学、分子遗传学、免疫学及医学等学科提供一个全新的，强有力的研究和治疗手段，具有广泛的应用前景。

通过基因剔除技术可以定点地引入优良基因，提高外源基因的稳定性和表达效率，从而改变动植物的遗传特性，提高动植物的生产性能，增强其抗病力，最终育成满足人们需要的高产，抗病、优质新品种。

随着分子生物学的发展，多种基因载体的构建方法的发展使基因剔除技术得到了快速发展，如将传统载体上的抗性标记基因用荧光基因替代，并结合单细胞的分离技术大幅缩短了靶细胞的筛选时间，加快基因剔除的进程。

三、基因转移和基因剔除技术的应用

基因转移技术和基因剔除技术是研究基因功能的生物技术，目前已经在医学领域得到了广泛应用。

(一)建立疾病动物模型

人类的遗传病及许多复杂性状疾病(糖尿病、心血管疾病、肿瘤、神经系统疾病等)与体内遗传物质的结构发生改变密切相关。通过转基因技术和基因剔除技术建立人类疾病的各种动物模型，可以在整体水平研究基因在动物中的表达调控规律及其产物与疾病发生的关系。

(二)生物制药

转基因动物的一个非常重要的用途是作为医用或食用蛋白的生物反应器，用于生物制药，生产出具有医药价值的多肽或蛋白质、抗体，疫苗等。通过使目的蛋白在特定的组织中表达，可以获得目的蛋白。

(三)生产人体器官

用细胞核移植技术可获得具有增殖分化潜能干细胞，诱导分化为特定的细胞、组织或器官后,再移植到病人体内治疗疾病,称为治疗性克隆。此外,通过转基因动物还可以改造异种来源器官的遗传性状,使之能适用于人体器官的移植,生产人体器官移植时所需的器官。但是目前这些还存在伦理、法律、安全性等问题。

第三节 RNA 干扰技术

一、RNA 过程中的重要成员

(一)双链 RNA 或小分子干涉 RNA

RNAi 现象离不开双链 RNA 或小分子干扰 RNA。在正常情况下,细胞内不存在 dsRNA,病毒感染、转座子或转基因等都能使 dsRNA 进入细胞。进入细胞的 dsRNA 并不直接诱导 RNAi,而是先被 Dicer 酶降解成 21～23nt 的 siRNA。正是这些 siRNA 分子直接诱导 RNAi 的产生。

(二)依赖 RNA 的 RNA 聚合酶

依赖 RNA 的 RNA 聚合酶以 siRNA 为引物,以信使 RNA(mRNA)或病毒单链 RNA 为模板,合成 dsRNA。

(三)RNA 诱导的沉默复合物

RNA 诱导的沉默复合物由 siRNA 和多种蛋白质组成,具有核酸内切酶、核酸外切酶和解旋酶的活性,是介导 mRNA 序列特异性裂解的复合酶。其中的 siRNA 通过碱基配对与 mRNA 中的同源序列结合,引导 RISC 在结合部位降解 mRNA。

二、干扰小 RNA 的制备方法

RNA 干扰技术的主要程序包括目标 RNA 的确定、干涉靶点的选择,siRNA 的制备,siRNA 导入细胞等。siRNA 是直接启动 RNAi 的结构单元,用 siRNA 产生 RNAi 能够避免 dsRNA 激活蛋白激酶诱发对蛋白质合成的非特异性抑制。这一特点对用 RNAi 进行基因治疗尤为重要，为避免抑制不相关基因表达奠定了基础。

三、RNA 在医学中的应用

(一)用于基因功能分析与研究

RNA 作为反向遗传学的一种方法，为基因功能的研究提供了可靠和快速的应用平台。传统的转基因和基因剔除技术因需建立动物模型，过程烦琐，实验周期长，要求的技术条件苛刻，不易为一般实验室所掌握。RNAi 在细胞内沉默基因，以其快速，可靠，经济的特点在基因结构研究中显示出优越性。利用脂质体和质粒将相关的 siRNA 转染到线虫，果蝇、真菌和植物细胞内，得到了与基因剔除法相一致的结果。

(二)用于肿瘤的治疗

肿瘤是多个基因结构突变和(或)表达异常及其互相作用的结果，反义 RNA 技术只封闭单一的基因表达，不易完全抑制和逆转肿瘤的生长。选择癌基因同源序列的保守区段作为结合靶点设计 siRNA，可同时抑制多种癌基因的表达，提高基因治疗的作用。

第四节　蛋白质相互作用研究技术

一、酵母双杂交系统

它是研究蛋白质之间相互作用的手段，自提出以来迅速发展成为一种常规的分子生物学技术，它不仅成功地揭示了许多蛋白质间存在的相互作用，而且其自身的有效性，可行性和准确性均获得明显改进与提高。

(一)酵母双杂交技术的基本原理

酵母双杂交系统有效地用来分离新的基因或新的能与一种已知的蛋白质相互作用的蛋白质及其编码基因。采用转炉激活因子单独的 DNA

结合区不能激活基因转录,但当 DNA 结合结构域与激活结构域物理性结合时,即能够发挥其转录激活功能。

典型的真核生长转录因子如 GAIA,GCN4 等都含有两个不同的且相对独立的结构域:DNA 结合结构域和转录激活结构域。BD 和 AD 单独分别作用并不能激活转录反应,但是当二者在空间上充分接近时,则呈现完整的 GALA4 转录因子活性并可激活 UAS 下游启动子,使启动子下游基因得到转录。

(二)酵母双杂交系统的操作程序

为排除 X 蛋白自主激活转录的能力,可将表达 X 蛋白的 BD 质粒与 AD 空载体质粒共转染酵母细胞,涂布于 Trp、Leu、His 缺陷培养基上。如细胞在此培养基上生长,证明 X 蛋白具有自主激活转录的活性,不能生长则排除 X 蛋白自主激活转录的活性。

(三)酵母双杂交系统的应用

随着技术的发展,酵母双杂交系统在生命科学研究中得到了广泛地应用。如鉴定已知蛋白之间是否相互作用、蛋白质相互作用图谱的构建、筛选特异克隆、研究疾病的发生机制和药物开发以及细胞内抗原和抗体的相互作用的研究等。我们相信,它必将在研究蛋白质功能、转录调节、基因功能定位和信号转导等领域发挥重要作用,使我们对细胞活动的机制和功能有更深入地理解。

1. 确定两个蛋白质之间的相互作用和相互作用的结构域或活性区

这是酵母双杂交系统最基本的用途。将两种已知蛋白质的编码基因分别克隆到 BD 载体和 AD 载体上,共同转染酵母细胞。若报告基因得到表达,则证明两种蛋白质之间在细胞内存在相互作用。如果将 AD 载体融合的已知蛋白编码基因替换成要筛选的 cDNA 库克隆,利用酵母双杂交系统就能筛选出能与已知蛋白质相互作用的新蛋白质。

在证明两个蛋白质之间在体内存在相互作用之后,将一个蛋白质突变或缺失掉不同的片段,再检测两种蛋白质在双杂交系统中还能否保持转录激活作用,从而确定蛋白之间相互作用的结构域或活性区。

2.建立基因组蛋白连锁图

众多的蛋白质之间在许多重要的生命活动中都是彼此协调和控制的。基因组中的编码蛋白质的基因之间存在着功能上的联系。通过基因组的测序和序列分析发现了很多新的基因和 EST 序列,HUA 等利用酵母双杂交技术,将所有已知基因和 EST 序列为诱饵,在表达文库中筛选与诱饵相互作用的蛋白质,从而找到基因之间的联系,建立基因组蛋白连锁图。对于认识一些重要的生命活动(如信号传导,代谢途径等)有重要意义。

3.筛选药物的作用位点以及药物对蛋白质之间相互作用的影响

酵母双杂交的报告基因能否表达在于诱饵蛋白与靶蛋白之间的相互作用。对于能够引发疾病反应的蛋白质相互作用可以采取药物干扰的方法,阻止它们的相互作用以达到治疗疾病的目的。

4.在细胞体内研究抗原和抗体的相互作用

虽然利用酶联免疫、免疫共沉淀技术可以研究抗原和抗体之间的相互作用,但它们都是基于体外非细胞的环境中研究蛋白质与蛋白质的相互作用。而在细胞体内的抗原和抗体的聚积反应则可以通过酵母双杂交进行检测。

二、噬菌体展示技术

噬菌体展示技术是将外源蛋白或多肽与菌体外壳蛋白融合并呈现于噬菌体表面的技术。将编码外源肽或蛋白的 DNA 片段与噬菌体表面蛋白的编码基因融合后,以融合蛋白的形式出现在噬菌体的表面,被展示的多肽或蛋白可保持相对的空间结构和生物活性,而不影响重组噬菌体对宿主菌的感染能力。通过与特定的靶标结合(如抗体、受体、配基、核酸,以及某些碳水化合物等)可以使展示特定蛋白的噬菌体从表达有各种外源性蛋白的噬菌体肽库中筛选出来,再通过感染大肠埃希菌使选择出来的噬菌体扩增,然后进行序列测定,可获得相应的结构和功能。

该技术的特点是实现了表型与基因型的统一,是一种高通量筛选功能性多肽或蛋白质的分子生物学技术。因此,噬菌体展示技术在抗原表位分析、分子间相互识别,新型疫苗及药物的开发研究等方面有广泛的应用前景。

三、基因定点诱变技术

基因定点突变是对基因或 DNA 序列中特定碱基实施取代,插入或缺失等操作,是人们在实验室中改造/优化基因常用的手段。这一技术能使基因的有效表达和定向改造成为可能。这项技术一方面可对某些天然蛋白质进行定向改造,另一方面还可以确定多肽链中某个氨基酸残基在蛋白质结构及功能中的作用,明确有关氨基酸残基线性序列与其空间构象及生物活性之间的对应关系,为设计制作新型的突变蛋白提供理论依据。

(一)基因定点诱变的方法

目前已发展的定点突变方法通常有盒式诱导突变、寡核苷酸引物诱变及 PCR 扩增诱变等。

1.盒式诱导突变

盒式诱导突变是利用一段人工合成的、具有突变序列的寡核苷酸片段,取代野生型基因中的相应序列,将改造后的质粒导入寄主细胞,筛选得到突变体。这些合成的突变片段就好像不同的盒式录音磁带,可随时插入制备好的质粒("录音机")中,所以称为盒式突变。

用合成简并寡核苷酸的方式进行盒式突变,一次实验可得到一组随机突变的片段。该方法不仅可以通过改变几个氨基酸序列研究蛋白质的功能和结构之间的关系,也可以产生嵌合蛋白。进行盒式诱导突变需要解决两个关键问题:第一,在目标基因序列中要有适当的限制性内功酶识别位点,使得用以取代天然 DNA 序列的盒式突变序列可以有效地插入,为了在目标基因的特定位置产生合适的酶切位点,可以利用遗传密码的简并性,在不改变氨基酸序列的前提下通过改变某些寡核苷酸的序列,产生合适的限制性内切酶位点;第二,为确保盒式突变序列能按正确的方向插入,突变序列的两端必须分别具有不同的限制性内切酶识别位点,易于定向插入。

2. 寡核苷酸引物诱变

寡核苷酸引物诱变的原理是:用化学合成的含有突变碱基的寡核苷酸短片段作引物,启动单链 DNA 分子进行复制,随后这段寡核苷酸引物便成为新合成的 DNA 子链的一个组成部分。因此,所产生出来的新链便具有已发生突变的碱基序列。为了使目的基因的特定位点发生突变,所设计的寡核苷酸引物除了所需的突变碱基之外,其余的序列则必须与目的基因编码链的相应区段完全互补。

可以使用酶促合成的方法或者化学方法合成的方法产生诱变寡核苷酸分子。但用酶促合成的方法产生的寡核苷酸,其终产率比较低。因此,固相化学法合成寡核苷酸的方法使用较多,应用 DNA 自动合成仪,能够合成需要的各种类型的寡核苷酸片段。因此,在大多数情况下,都是采用化学法合成寡核苷酸片段来实施定点诱变。

3. PCR 扩增诱变

利用 PCR 技术不仅能在目的基因中导入一个限制性内切核酸酶位点,还能在目的基因上预先确定的位置处引入单个或多个碱基的插入、缺失、取代和重组等突变,使得定向诱变变得更为容易。它比上述传统的定点突变技术简便,既不用单链 DNA 中间物,又不用 M13 系列的噬菌体载体,大幅缩短了突变实验所需的时间,并且突变效率高达 100%。应用 PCR 点突变技术的方法有很多种,这里简介两种常用的方法。

(二)基因定点诱变的应用

定向诱变技术主要应用于蛋白质或酶的改造上,即基因水平上的蛋白质改造,也称为第二代基因工程。通常需要先经过周密的分子设计,然后依赖基因工程获得突变型蛋白质,以检验其是否达到了预期的效果。

如果改造的结果不理想,还需要重新设计再进行改造,往往经历多次实践摸索才能达到改进蛋白质性能的预定目标。

1.胰岛素改造

天然胰岛素制剂在储存过程中易形成二聚体和六聚体,延缓胰岛素从注射部位进入血液,从而延缓了其降血糖作用,也增加了抗原性,这是胰岛素 B23～B28 氨基酸残基结构所致,利用蛋白质工程技术改变这些残基,则可降低其聚合作用,使胰岛素快速起作用。该速效胰岛素已通过临床试验。

2.生长激素改造

生长激素通过对它特异受体的作用促进细胞和机体的生长发育,然而它不仅可以结合生长激素受体,还可以结合许多种不同类型细胞的催乳激素受体,引发其他生理过程。在治疗过程中为减少副作用,需使人的重组生长激素只与生长激素受体结合,尽可能减少与其他激素受体的结合。

3.水蛭素改造

水蛭素是由医用水蛭唾液腺分泌的一类由 65～66 个氨基酸残基组成的多肽,是迄今为止发现的对凝血酶活性最强的天然抑制剂,与凝血酶结合速度快,特异性强,是最有前景的治疗血栓疾病的特效药。

研究人员利用 PCR 定点诱变技术已成功地对野生型水蛭素Ⅲ进行了定点诱变,将野生型水蛭素Ⅲ分子的活性功能非必需区的指状结构顶端第 33～36 位的氨基酸残基替换为 RGDS 序列。结构变化后的水蛭素突变体与野生型水蛭素Ⅲ相比,两者的抗凝血酶活性基本一致且具有显著的抗 ADP 诱导的血小板凝集活性。

四、DNA 与蛋白质互作的免疫沉淀分析

(一)与蛋白质特异结合的 DNA 免疫沉淀分析

基本原理与方法:

①提取目标生物的总 DNA,用特定限制性内切核酸酶消化总 DNA,

形成带有特定黏性末端的 DNA 片段,并利用黏性末端接上特定接头。

②将接上接头的 DNA 片段混合物与特定转录因子基因原核或真核表达的融合蛋白一起温育,使转录因子与 DNA 结合。

③使用融合蛋白上的标签蛋白抗体与融合,再用沉淀法分离复合体,与转录因子蛋白结合的 DNA 片段被免疫共沉淀。

④用苯酚氯仿法去除蛋白质,释放结合的 DNA,用根据接头设计的引物进行 PCR 扩增获得与转录因子结合的 DNA 片段的扩增产物,电泳,回收并测序,可分析转录因子控制的下游效应基因。

(二)染色质免疫沉淀技术

真核生物的基因组 DNA 以染色质的形式存在。因此,研究蛋白质与 DNA 在染色质环境下的相互作用对于阐明真核生物基因表达调控机制具有重要意义。

染色质免疫沉淀技术是目前唯一研究体内 DNA 与蛋白质相互作用的方法。其基本原理和步骤如下:用甲醛在体内将 DNA 结合蛋白与 DNA 交联,在活细胞状态下固定蛋白质—DNA 复合物;分离染色质,并将其随机切断为一定长度范围内的染色质小片段,剪切后的 DNA 小片段仍与染色体片段结合;用特异性抗体与 DNA 结合蛋白结合,用沉淀法分离复合体,反向交联操作释放出 DNA,并消化蛋白质;用 PCR 扩增特异 DNA 序列,以确定是否与抗体共沉淀。

CHIP 不仅可以检测体内反式因子与 DNA 的动态作用,还可以用来研究组蛋白的各种共价修饰与基因表达的关系。而且,通过与其他方法的结合,CHIP 的应用范围也进一步扩大,例如,CHIP 与基因芯片相结合建立的 CHIP—on—chip 方法已广泛用于特定转录因子靶基因的高通量筛选;CHIP 与体内足迹法相结合,用于寻找转录因子的体内结合位点;RNA CHIP 用于研究 RNA 在基因表达调控中的作用。相信,随着 CHIP 的进一步完善,它必将会在基因表达调控研究中起到关键性的作用。

参考文献

[1]王含彦,陈建业.生物化学实验技术双语版 第 2 版[M].北京:科学出版社,2022.

[2]陈传红,黄德娟.现代生物化学实验教程[M].北京:化学工业出版社,2022.

[3]邵颖,董玉玮.生物化学实验[M].北京:中国纺织出版社,2021.

[4]宋海星,王丹.生物化学与分子生物学实验[M].成都:西南交通大学出版社,2021.

[5]陆红玲.生物化学与分子生物学实验教程[M].北京:科学出版社,2021.

[6]霍颖异,吴敏.大学生物学实验[M].北京:高等教育出版社,2021.

[7]朱月春,杨银峰.生物化学与分子生物学实验教程 第 2 版[M].北京:科学出版社,2021.

[8]邵颖,董玉玮.生物化学实验[M].北京:中国纺织出版社,2021.

[9]龙子江,宋睿.生物化学与分子生物学实验技术教程[M].合肥:中国科学技术大学出版社,2020.

[10]王俊斌.生物化学与分子生物学实验技术[M].北京:中国农业出版社,2020.

[11]孔宇.生物技术类专业实验指导[M].西安:西安交通大学出版社,2020.

[12]孙爱华,杜蓬.生物化学与分子生物学实验[M].北京:科学出版社,2020.

[13]郑红花,苏振宏.生物化学与分子生物学实验[M].武汉:华中科技大

学出版社,2020.

[14]胡汉桥,陈苗.分子生物学实验指导[M].北京:中国农业出版社,2020.

[15]张宽朝,金青.生物化学实验指导 第2版[M].北京:中国农业大学出版社,2019.

[16]王睿,吕芳.免疫学实验技术原理与应用[M].北京:北京理工大学出版社,2019.

[17]白莉,那治国.生物化学实验方法与技术指导[M].哈尔滨:黑龙江大学出版社,2019.

[18]梁颖.生物化学实验技术[M].北京:中国农业出版社,2019.

[19]李海云,李霞,邢立群.分子生物学与基因工程理论及应用研究[M].北京:中国原子能出版社,2019.

[20]仇子龙.基因启示录[M].杭州:浙江人民出版社,2019.

[21]雷瑞鹏,翟晓梅,朱伟.人类基因组编辑[M].北京:中国协和医科大学出版社,2019.

[22]田云娴.生物化学[M].郑州:河南科学技术出版社,2018.

[23]吕杰,张涛.微生物学实验指导[M].合肥:中国科学技术大学出版社,2018.

[24]刘云春,来明名.生物化学临床生物化学检验实验教程[M].昆明:云南大学出版社,2018.

[25]方肇勤,张前.分子生物学技术在中医药研究中的应用 第3版[M].上海:上海科学技术出版社,2018.

[26]陈鹏,郭蔼光.生物化学实验技术 第2版[M].北京:高等教育出版社,2018.

[27]赵斌.有机化学实验 第3版[M].青岛:青岛海洋大学出版社,2018.

[28]周浩,赵玉红.基础生物化学实验[M].天津:南开大学出版社,2018.

[29]李修平.基因工程技术方法及其典型应用研究[M].北京:中国纺织

出版社,2018.

[30]邢万金.基因工程从基础研究到技术原理[M].北京:高等教育出版社,2018.

[31]马建岗.基因工程学原理[M].西安:西安交通大学出版社,2018.

[32]刘定干.基因、转基因和我们遗传科学的历史和真相[M].上海:上海科学技术出版社,2018.

[33]林金水,姚永生,栗学清.现代分子生物学及基因工程技术研究[M].北京:北京工业大学出版社,2017.

[34]张海涛,汪亚君,伍俊.基因工程原理与技术[M].上海:上海世界图书出版公司,2017.

[35]张惠展.基因工程 第4版[M].上海:华东理工大学出版社,2017.